技術者のための 電磁気学入門

博士（工学） 安永　守利 著

コロナ社

ま え が き

　筆者は，筑波大学情報学群情報科学類2年次生の講義の一つである「電磁気学」を担当している。本講義は必修科目であるが，本学類の専門が情報科学であるため，講義単位数は2単位と少ない。また，受講学生もプログラミングや数学といった抽象度の高い科目が得意な反面，物理的な考え方が苦手な学生が少なくない。このため，これまでの電磁気学の教科書を使っても，せっかくの良書でありながら，それを全部消化しきれずに終わってしまう。

　このため本講義では，さまざまな試行錯誤を繰り返し，講義内容，スライド，配布資料などをブラッシュアップしてきた。本書は，この本講義内容を一冊にまとめたものである。本書の特徴はつぎの4点である。

① 情報学科や機械学科，生物学科など，非物理系，非電気電子系の学生をターゲットとし，従来の電磁気学の教科書で解説されている一部の内容を思い切って割愛した（割愛箇所は後述する）。

② ① で割愛した分，基本法則の成り立ちなど，電磁気学の面白さ，不思議さを丁寧に説明した。

③ メモリ集積回路やスマートフォン，加速度センサ，MRI（核磁気共鳴医療装置）など，最先端の機器とその電磁気学の関係（応用技術）について，独立な章を設け，詳しく説明した。

④ 携帯通信端末や無線LANなどの普及により，電磁波がこれまで以上に身近になっていることから，電磁波と情報伝達の関係についても言及した。

　本書では，前述の理由から，従来の多くの電磁気学の教科書が解説している以下の内容については割愛した。

[1] 誘電体の議論から導かれる電束密度 $\vec{D}$ と電束密度を用いたガウスの法則

〔2〕　磁性体内の磁場 $\vec{H}$ と磁束密度（磁場）$\vec{B}$ の関係

この2点は，誘電体と磁性体という物質（材料）の電磁現象と密接に関係している。読者には，〔1〕と〔2〕については，他の電磁気学教科書によって理解を深めてもらいたい。なお，本書では〔1〕と〔2〕に触れていないため，電磁気学の教科書では必ず説明されるマクスウェル方程式も，誘電体や磁性体内を含まず，真空中のみを対象としたマクスウェル方程式にとどめている。

電磁気学は基本法則が多いため，非物理系，非電気電子系の学生には理解しづらい面が多々ある。本書は，上記のような新たな切り口で執筆された教科書であり，非物理系，非電気電子系の学生はもちろん，多くの学生や初学者に電磁気学の面白さを知ってもらえる入口となれば幸いである。

なお，章末の演習問題の詳細な解答例は，Web ページ[†]からダウンロードすることができるが，是非，解答を見る前にじっくり考察することを勧める。

最後に，本書の企画から校正まで，コロナ社の方々に大変なご尽力をいただいた。ここに感謝の意を表する次第である。

2017 年 7 月

著者

[†]　解答例のダウンロードについて

http://www.coronasha.co.jp/np/isbn/9784339009040/

（本書の書籍ページ。コロナ社のトップページから書名検索でもアクセスできる。）

目　　　　次

1. 電　荷　と　電　場

2. ガ　ウ　ス　の　法　則

3. 電　　　位

4. 静電容量とコンデンサ

5.　電　流　と　抵　抗

6.　応用技術その1

7.　磁　荷　と　磁　場

8.　電　流　と　磁　場

9.　誘導とインダクタンス

10.　マクスウェル方程式と電磁波

11.　応用技術その2

①

電 荷 と 電 場

　乾燥した日には紙束の紙どうしがくっついてしまい，なかなか紙の枚数が数えられなかったり，衣服が体にまとわりついたりすることがある。これらの現象は，物質の原子レベルで生ずるクーロン力という力によるものである。電磁気学は，まず，このクーロン力を定式化し，説明することから出発する。

1.1 電　　　荷

1.1.1　電荷とクーロン力

　物質は**図 1.1**に示すように，原子（atom）で構成されており，さらに原子は，電子（electron）と原子核（atomic nucleus）から構成されている。そしてさらに，原子核は陽子（proton）と中性子（neutron）で構成されている。

　電子と陽子の間は離れているが，両者の間には引力（引き合う力）が働く。一方，電子どうし，または，陽子どうしの間には斥力（反発する力）が働く。

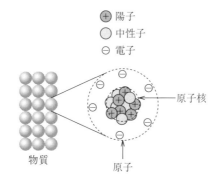

図 1.1　物質の成り立ち

この原子レベルでの力は，クーロン力（Coulomb's force）と呼ばれる。クーロン力が物質全体で現れると，離れている物質どうしでも力が働く。紙と紙がくっついたり，衣服がまとわりついたりする現象もこの力の現れである。

「電磁気学」は，クーロン力を定量的に解析することから出発する。そこで，はじめに，陽子と電子を「電荷量」という物理量を持つ粒子としてモデル化する。電荷量は，クーロン力の基となる物理量であり，それぞれの粒子は，正電荷（positive charge）と負電荷（negative charge）と呼ばれる。あるいは，正の荷電粒子（positive charged particle）と負の荷電粒子（negative charged particle）と呼ばれる。

1.1.2　帯電と電荷量の保存

原子の中の陽子と電子の数は等しい。したがって，ある物体の総電荷量は基本的に0となる。しかし，電荷の移動が起こり，物体の総電荷量が0でなくなることがある。この電荷のバランスの崩れた状態を帯電と呼ぶ。**図1.2**は，正電荷と負電荷（モデル化した陽子と電子）による帯電の状態を示している。図（a）は電荷量が等しいため，帯電していない状態である。一方，図（b）は正電荷のほうが多く，図（c）は負電荷のほうが多く，それぞれ，物体は，正に帯電している状態と負に帯電している状態である。

また，一つの物体でその総電荷量が0であっても，局所的に電荷が集中して

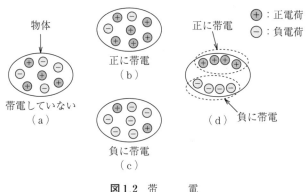

図1.2 帯　　　電

いることがある（図1.2（d））。これは，局所的な帯電である。図（d）の場合，上部は局所的に正に帯電していて，下部は局所的に負に帯電している。

　物理現象や化学反応の前後で，その電荷量の総和に変化はない。例えば，**図1.3**に示すように負に帯電していた物体Aが化学反応の後にBとCになった場合，物体Bと物体Cの電荷量の総和は，反応前の物体Aの電荷量と等しくなる。

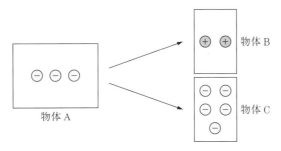

図1.3　電荷量の保存

　このように現象や反応の前後で変化しない物理用は保存量と呼ばれる。保存量にはエネルギーや運動量などがあり，物理現象の解析において重要な物理量である[†1]。

1.1.3　電荷量の単位

　電荷量の単位はクーロン〔C〕である。陽子1個，または，電子1個が持つ電荷量が最小であるから，陽子1個と電子1個の電荷量をそれぞれ，1Cと−1Cすることが自然と考えられよう。しかし，実際は，後述する「電流（電荷の流れる量）[†2]」の概念から逆に求められた電荷量から1Cの大きさが定義され，これより

　　　陽子：$+1.6 \times 10^{-19}$ C，　電子：-1.6×10^{-19} C

[†1]　重要な物理量の一つである質量は，化学反応においては保存されるが，保存量ではない。
[†2]　電流については，5章で詳しく説明する。

と計測される。電流は，原子が 10^{20} 個以上も集まった，私たちの日常の生活レベルで用いられる物理量である。このため，電流から逆に求められた陽子1個と電子1個の電荷量の値は，このように非常に小さな値となる。

　また，陽子と電子の電荷量が最小であることから，物質の総電荷量は，陽子と電子の電荷量の整数倍となる。しかし，私たちの生活レベルから見た陽子と電子の数は上述のように膨大で，しかも電荷量の大きさ（絶対値）は非常に小さい。このため，電磁気学では，いくらでも小さな電荷を想定することとして，電荷量は連続量として取り扱う。

1.1.4　クーロンの法則と重ね合わせの法則

　図 1.4 に示すように電荷量 q_1〔C〕と q_2〔C〕を持つ電荷（電荷 q_1，電荷 q_2 と表記する[†]）が存在すると，それぞれの電荷には大きさが同じで向きが逆のクーロン力 $\vec{F}$ と $-\vec{F}$ が働く。クーロン力においても，作用・反作用の法則が成り立っている。なお，電荷 q_1，電荷 q_2 は，図に示すように空間内の1点にある電荷（非常に小さく，大きさは無視できる）であり，この電荷は点電荷と呼ばれる。

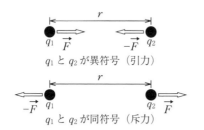

図 1.4　電荷の間に働く力（クーロン力）

　この電荷の間に働くクーロン力の向きと大きさを表す法則がクーロンの法則（Coulomb's law）である。クーロン力 $\vec{F}$ と $-\vec{F}$ の方向は両電荷を結ぶ直線の

[†]　電磁気学を含む物理学では，対象を表す記号がその対象の物理量を同時に表すことが多い。例えば，「電荷 q」と標記した場合，q は，その電荷を示す記号であると同時に，その電荷の量（電荷量）が q〔C〕であることも示す。本書でも，この慣例にならった表記を行う箇所が多くあるので注意されたい。

方向であり，両電荷の符号が異符号の場合は引力となり，同符号の場合は斥力となる。

クーロン力 $\vec{F}$ の大きさは，電荷間の距離を r，比例乗数を k とすると

$$|\vec{F}| = k\frac{|q_1||q_2|}{r^2} \tag{1.1}$$

で表される。ここで，比例定数 k の値は $k = 8.99 \times 10^9 \, \mathrm{Nm^2/C^2}$ である。

複数の電荷が存在した場合，各電荷に働くクーロン力には，重ね合わせの法則が成り立つ。すなわち，**図 1.5** に示すように複数の電荷 $q_1, q_2, \cdots, q_n$ が存在したとき，電荷 q_i に対して電荷 q_j から働くクーロン力 $\vec{F}_{ij}$ と表すと，電荷 q_1 に働く力 $\vec{F}$ は，q_1 の周りの各電荷との間のクーロン力の総和（ベクトルの重ね合わせ）

$$\vec{F} = \vec{F}_{12} + \vec{F}_{13} + \cdots + \vec{F}_{1n} \tag{1.2}$$

となる。

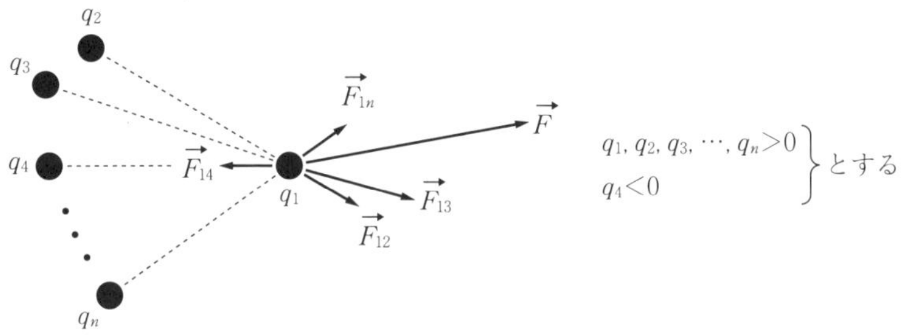

図 1.5　複数の電荷によるクーロン力

【例題 1.1】

二つの電荷 q_1 と q_2 が距離 r 離れて置かれている。電荷量が $q_1 = 1\,\mathrm{C}$，$q_2 = -1\,\mathrm{C}$ で，距離が $r = 1\,\mathrm{m}$ のとき，両電荷に働くクーロン力の大きさ $|\vec{F}|$ を求めよ。

<解答>
　式 (1.1) から，$|\vec{F}| = 8.99 \times 10^9$ N と計算される。地球上で約 0.1 kg の物体に働く力が 1 N であるから，$|\vec{F}|$ は地球上で約 90 万トンの物体に働く力とほぼ等しいことになる。　　　　　　　　　　　　　　　　　　　　　　　　　　　　◇

1.1.5 帯電のしくみ

　本章の冒頭で述べた「乾燥した日には紙束の紙どうしがくっついてしまい，なかなか紙の枚数が数えられなかったり，衣服が体にまとわりついたりする」という現象は，紙や服，人間の身体が帯電し，そのクーロン力（この場合はいずれも引力）によって，紙どうしがくっついてしまったり，服が体にくっつく（まとわりつく）ことによる。

　ここでは接触による帯電のしくみについて，定性的に説明する。物質には，それぞれ，その表面から電子を外部に取り出すために必要なエネルギーがあり，このエネルギーは仕事関数[†]と呼ばれる（**図 1.6**（a））。これは，電子が外に飛び出すために乗り越える「壁の高さ」のようなものである。仕事関数が

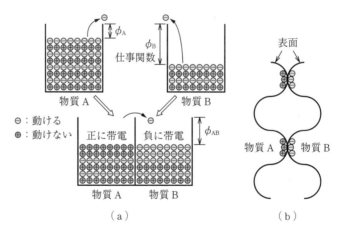

図 1.6 物質どうしの接触による帯電

　[†]　仕事関数は，通常，金属や半導体などの物質について用いられる物理量であるが，ここでは，すべての物質について，電子を外部に取り出すために必要とするエネルギーを仕事関数と呼ぶ。

大きいほど，壁が高いことになる。一方，陽子（正電荷）は原子核内にあるため，電子のように物質外部に容易に取り出すことはできない。

　ここで，図のように二つの物質 A と B の仕事関数を $\phi_A, \phi_B (\phi_A < \phi_B)$ とし，二つの物質を接触させた場合，接触した表面で仕事関数（壁の高さ）は等しくならなければならない。仕事関数を等しくするためには，仕事関数（壁）が低い物質 A から電子が物質 B に移動する必要があり，この電子の移動によって仕事関数（壁の高さ）が等しく ϕ_{AB} となる。その結果，物質 A は正電荷のほうが負電荷より多くなり，正に帯電し，逆に物質 B は負電荷が多くなるので，負に帯電することになる。

　なお，周囲の湿度が高いと，帯電した電荷もすぐに空気中の水分子に移動してしまう。しかし，乾燥した日は，このような周囲の水分子への電荷の移動が起こりにくい。このため，乾燥した日に，紙どうしがくっついたり，衣服が体にまとわりついたりするのである。

　実際の物の表面（例えば，紙や服の表面）は図 1.6（b）のように凸凹であり，接触部の面積，すなわち，電荷の移動する部分の面積は多くない。物と物をこすり合わせるほど，帯電する電荷量が増えるのは，こすり合わせることで，接触面積が増えて電荷の移動が増え，帯電量が増加するためである。

　帯電とクーロン力を応用した身近な機器の例として，「コピー機」や「レーザプリンタ」がある（6.1節）。一方，工場などの専門分野では「静電塗装」などがこの原理を利用している（6.2節）。また，最近では，半導体を用いたマイクロマシンの動力として「静電モータ」が着目されている（6.3節）

1.2　電　　　　場

1.2.1　電場の導入と重ね合わせの法則

　式（1.1）を一方の電荷と他方の電荷に分けて見てみよう。電荷 q_0（自分）に働くクーロン力は，相手の電荷を q とすると

$$|\vec{F}| = |q_0| \times k\frac{|q|}{r^2} \tag{1.3}$$

と表せる。さらに，大きさだけでなく向きまで含めて（ベクトル量として）表せば

$$\vec{F} = q_0 \times k\frac{q}{r^2} \cdot \vec{e} \tag{1.4}$$

となる（**図 1.7**）。ここで $\vec{e}$ は，q から q_0 へ向かう直線上の単位ベクトルである。したがって，q と q_0 が異符号であれば，電荷 q_0 に働くクーロン力 $\vec{F}$ は $\vec{e}$ とは向きが逆で引力となり，同符号であれば，向きが同じで斥力となる。

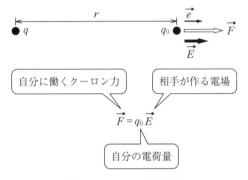

図 1.7　クーロン力と電場

そしてさらに，式 (1.4) で

$$\vec{E} = k\frac{q}{r^2} \cdot \vec{e} \tag{1.5}$$

と置くと図 1.7 に示すように

$$\vec{F} = q_0 \vec{E} \tag{1.6}$$

と表せる。これは，「電荷 q により，その周囲に力のクーロン力の源になるベクトル $\vec{E}$ が発生し，$\vec{E}$ のある空間に電荷 q_0 が存在すると q_0 にクーロン力 $\vec{F}$ が働く」と考えることができる。ベクトル $\vec{E}$ は電場（electrical field）と呼ばれ（電界とも呼ばれる），クーロン力の源と考えられる（電場がある場所に電

荷があると，その電荷にクーロン力が発生する)[1]。

電場 $\vec{E}$ は，式 (1.6) より

$$\vec{E} = \frac{\vec{F}}{q_0} \tag{1.7}$$

であり，すなわち，ある場所の電場 $\vec{E}$ は，そこに置いた電荷 q_0 に働く力 $\vec{F}$ によって知ること（測ること）ができる。また，上式より，電場 $\vec{E}$ の単位は 〔N/C〕である[2]。

ここで，式 (1.5) の単位ベクトル $\vec{e}$ は，q_0 の位置にかかわらず，つねに q から q_0 へ向かう直線上の単位ベクトルとなる。これより，電荷 q がつくる電場 $\vec{E}$ は，**図 1.8** に示すように，q の周囲を一様に埋め尽くすようにすべての動径方向に対称に発生していて，$q>0$ のときは，q から外向きとなる。一方，$q<0$ のときは，q に向かう内向きとなる。このように電場 $\vec{E}$ の向きをとれば，1.1.4 項で述べたように二つの電荷に働くクーロン力は，両電荷が異符号の場合は引力となり，同符号の場合は斥力となる。そして，電場の大きさは，クーロン力と同様に，r^2 に反比例して減衰していく。

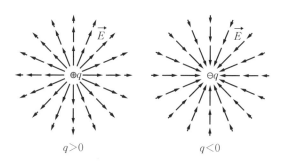

$q>0$　　　　　　$q<0$

図 1.8　電荷と電場

なお，1.1.4 項で解説したとおり，クーロン力には重ね合わせの法則が成り立つ。したがって，電場においても重ね合わせの法則が成り立つ。すなわち，複数の電荷 $q_1, q_2, \cdots, q_n$ が存在する空間の各点の電場 $\vec{E}$ は

---

†1　ここで説明する電場は，9 章で説明する電場と区別するために，クーロン電場とも呼ばれる。これに対して，9 章で説明する電場は，誘導電場とも呼ばれる。

†2　後述する電位の単位〔V〕を用いた〔V/m〕も用いられる。

$$\vec{E} = \vec{E_1} + \vec{E_2} + \cdots + \vec{E_n} \tag{1.8}$$

である。

1.2.2　電場の湧き出し

さて，式 (1.1) のクーロン力から登場している比例定数 k であるが，最も重要な物理量の一つである真空中の誘電率 $\varepsilon_0 = 8.85 \times 10^{-12} \, \mathrm{C^2/Nm^2}$ とは

$$k = \frac{1}{4}\pi\varepsilon_0 \tag{1.9}$$

の関係にある。これより，式 (1.5) で表される電場 $\vec{E}$ は

$$\vec{E} = k\frac{q}{r^2} \cdot \vec{e} = \frac{1}{4\pi\varepsilon_0} \frac{q}{r^2} \cdot \vec{e} = \frac{1}{4\pi r^2} \frac{q}{\varepsilon_0} \cdot \vec{e} \tag{1.10}$$

と表せる。注目すべき点は，分母に半径 r の球の表面積 $4\pi r^2$ が現れたことである。

ここで，つぎのような「水の流れ」をイメージしてみよう。**図1.9** に示すように，1 点 P から，q/ε_0 の流量の水が湧き出し続け，周囲に向かって一様に流れ出ている様子である。水の流れはベクトル $\vec{v}$ でイメージすることができ，ベクトルの大きさ $|\vec{v}|$ が流量（単位面積当り）であり，$\vec{v}$ の向きが流れの向きを示す。点 P を中心とする半径 r の球表面上では，$|\vec{v}|$ はすべて同じであり，$\vec{v}$ は球表面に垂直である。

大切なことは，湧き出している q/ε_0 の量の水は，遠方に流れていく途中で

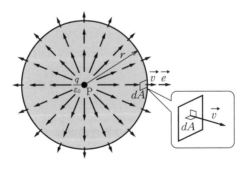

図1.9　水の湧き出しと流れ

なくなることはないことである。つまり，Pからrだけ離れた1点での流量はq/ε_0よりも減るが，半径rの球の表面全体での総流量は，湧き出したq/ε_0に等しくなる。これらのことから，$\vec{v}$を求めてみよう。いま，図1.9に示すように，半径rの球の微小面積をdAとする。そして，微小面積dAの中心点の流れを$|\vec{v}|$とすると，dAの内側から外側に向かって流れ出る流量は$|\vec{v}|dA$で表せる（$|\vec{v}|$は，半径rの球の表面での単位面積当りの流量である）。

よって，これを球表面全体で足し合わせれば（積分すれば）

$$\oint_A |\vec{v}|dA = \frac{q}{\varepsilon_0} \tag{1.11}$$

となる（$\oint_A$は球表面全体にわたる積分を示している）。ここで，$|\vec{v}|$は，半径rの球表面上で一定なので

$$|\vec{v}|\oint_A dA = \frac{q}{\varepsilon_0} \tag{1.12}$$

である。そして，$\oint_A dA$は球の表面積$4\pi r^2$そのものであるから，上式は

$$|\vec{v}|4\pi r^2 = \frac{q}{\varepsilon_0} \tag{1.13}$$

であり，したがって，$|\vec{v}|$は

$$|\vec{v}| = \frac{1}{4\pi r^2} \times \frac{q}{\varepsilon_0} \tag{1.14}$$

すなわち

$$\vec{v} = \frac{1}{4\pi r^2} \times \frac{q}{\varepsilon_0} \cdot \vec{e} \tag{1.15}$$

と求められる。これは，まさに，式(1.10)と同じことを示している。つまり，電荷qからは，あたかもq/ε_0の流量の水が湧き出すのと同様に，電場$\vec{E}$が湧き出しているのである（qが負であれば，湧き出しの反対で，吸い込みとなる）。

この水の湧き出しから類推すると，電場$\vec{E}$は単なる便宜的な量ではなく，クーロン力の源となる本質的物理量であると考えられる。ここで，水の湧き出しの場合は，水という媒体を介して流れ$\vec{v}$が伝わる。では，電場$\vec{E}$は，なに

を媒体として伝わるのであろうか。じつは，この媒体は物質ではなく，空間自体が媒体となっていることがわかっている。空間とは，物質がない「空っぽ」のことである。しかし，空間には力の源になる物理量であるベクトル $\vec{E}$ を伝える「性質」が備わっている。そして電荷が存在すると，その電荷を中心とした空間の各点にベクトル $\vec{E}$ が与えられるのである。

　物理学では，空間の各点にある物理量を与えることができる場合，その空間を「場」と呼ぶ。これより，$\vec{E}$ は電場と呼ばれている。また，以上の解説では，$\vec{E}$ は位置だけで決まり，時間が変化しても変化しない（一定である）。このような電場を静電場と呼ぶ。

　なお，電場 $\vec{E}$ を伝える媒体として，当初は，「エーテル」という物質の存在が提唱された。しかし，この存在は実験により否定され，現在は，上述したとおり空間自体が媒体となることがわかっている。

【例題 1.2】

　図 1.10 に示すように，$\pm q$〔C〕の点電荷が距離 d 離れて置かれている。このような電荷の配置を電気双極子（electric dipole）と呼ぶ。二つの電荷の中点を原点 $r=0$ としたとき，二つの電荷を結ぶ線上 $+q$〔C〕側の距離 r にある点 P の電場 $\vec{E}$ を求めよ。なお，$r \gg d$ とする。

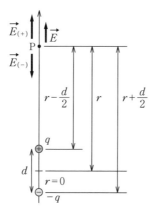

図 1.10

<解答>
　電荷 q と $-q$ が点 P につくる電場をそれぞれ $\vec{E}_{(+)}$, $\vec{E}_{(-)}$ とすると, 図 1.10 に示したように, 両者の向きは逆である。そして, 電場 $\vec{E}_{(+)}$ の大きさは $\vec{E}_{(-)}$ より大きいので, 重ね合わせた電場 $\vec{E}$ は r の増える向きとなる。

　電場 $\vec{E}$ の大きさは

$$\left|\vec{E}\right|=\left|\vec{E}_{(+)}\right|-\left|\vec{E}_{(-)}\right|=\frac{q}{4\pi\varepsilon_0\left(r-\frac{1}{2}d\right)^2}-\frac{q}{4\pi\varepsilon_0\left(r+\frac{1}{2}d\right)^2}$$

$$=\frac{q}{4\pi\varepsilon_0 r^2}\left[\left(1-\frac{d}{2r}\right)^{-2}-\left(1+\frac{d}{2r}\right)^{-2}\right]$$

と計算できる。さらに, $r\gg d$ であることから, $1\gg d/2r$ であり

$$\left|\vec{E}\right|=\frac{q}{4\pi\varepsilon_0 r^2}\left[\left(1-\frac{d}{2r}\right)^{-2}-\left(1+\frac{d}{2r}\right)^{-2}\right]$$

$$\cong\frac{q}{4\pi\varepsilon_0 r^2}\left[\left(1+\frac{d}{r}\right)-\left(1-\frac{d}{r}\right)\right]=\frac{qd}{2\pi\varepsilon_0 r^3}$$

である。ここで, 電荷 $-q$ から q に向かう向きで大きさ qd のベクトル $\vec{p}$ は双極子モーメントと呼ばれる。双極子モーメントを使えば

$$\left|\vec{E}\right|=\frac{\left|\vec{p}\right|}{2\pi\varepsilon_0 r^3}$$

と表せる。　　　　　　　　　　　　　　　　　　　　　　　　　　　◇

【例題 1.3】
　図 1.11 に示すように, 無限に長い直線が, 単位長さ当り λ 〔C/m〕 ($\lambda>0$) で帯電している (すなわち, 電荷の線密度は λ 〔C/m〕である)。このように線上に電荷が一様に分布したものを, 線電荷と呼ぶ (この場合は, 直線電荷である)。この直線電荷から r 離れた点 P における電場 $\vec{E}$ を求めよ。

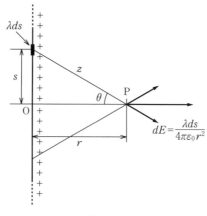

図 1.11

<解答>
　図のように，点 O から距離 r 離れた点 P の電場 $\vec{E}$ を計算するために，まず，直線電荷を微小な線要素 ds に分けて考える。この線要素 ds の電荷量は λds である。そして ds は非常に短いため，λds は微小電荷（微小電荷要素）であり，ほぼ点電荷とみなせる。したがって，λds が点 P につくる電場を $d\vec{E}$ として，$d\vec{E}$ を直線電荷全体のつくる分だけ重ね合わせれば（積分すれば），直線電荷が点 P につくる電場 $\vec{E}$ を求めることができる。すなわち

$$\vec{E} = \int d\vec{E}$$
　（直線電荷全体）

である。
　ここで，図のように点 O から s だけ離れた点の微小電荷を λds とすると，$d\vec{E}$ は図の向きになる。一方，λds の点 O に対して対称な点がつくる電場 $d\vec{E}$ を考えると，両者の直線に並行な成分は，向きが逆で大きさが同じであるため打ち消し合って 0 となる。一方，両者の直線に対して垂直な成分は同じ向きであるため，強め合う（大きさは 2 倍になる）。したがって，直線電荷全体が点 P につくる電場 $\vec{E}$ は，直線に対して垂直な方向で，直線から外向きとなる。
　これより，電場 $\vec{E}$ の大きさは，図のとおり，z と r のなす角を θ とすると

$$\left|\vec{E}\right| = \int \left|d\vec{E}\right| \cos\theta$$
（直線電荷全体）

となる。ここで，クーロンの法則より

$$\left|d\vec{E}\right| = \frac{\lambda ds}{4\pi\varepsilon_0 z^2}$$

であるから

$$\left|\vec{E}\right| = \int \left|d\vec{E}\right| \cos\theta = \int_{-\infty}^{+\infty} \frac{\lambda ds}{4\pi\varepsilon_0 z^2} \cos\theta = 2\int_0^{+\infty} \frac{\lambda ds}{4\pi\varepsilon_0 z^2} \cos\theta$$

である。ここで，この積分は積分変数を s とするとなかなか厄介な積分となる。そこで，ここからは数学（解析学）のテクニックにより，$s = r\tan\theta$ から

$$ds = r\frac{1}{\cos^2\theta}d\theta$$

とすることで，変数を s から θ に置換する（積分区間は s の $0 \to \infty$ から，θ の $0 \to \pi/2$ となる）。さらに

$$z = r\frac{1}{\cos\theta}$$

であるから，これらを代入すると

$$\left|\vec{E}\right| = 2\int_0^{\frac{\pi}{2}} \frac{\lambda r\cos^2\theta d\theta}{4\pi\varepsilon_0 r^2\cos^2\theta} \cos\theta = \frac{\lambda}{2\pi\varepsilon_0 r}\int_0^{\frac{\pi}{2}} \cos\theta d\theta = \frac{\lambda}{2\pi\varepsilon_0 r}\left[\sin\theta\right]_0^{\frac{\pi}{2}} = \frac{\lambda}{2\pi\varepsilon_0 r}$$

と求めることができる。　　　　　　　　　　　　　　　　　　　　　　　◇

1.2.3　電　気　力　線

　図 1.8 のように，単独の点電荷であれば，電場の強さと広がりを直観的にイメージしやすい。しかし，電荷が複数個ある場合や電荷が空間に連続的に分布している場合などは，電場全体の強さや広がりをイメージすることは難しい。近年になって，コンピュータグラフィクスを用いることで，多数の矢印や色，グラディエーションにより電場全体をわかりやすく表示することが可能となっているが，電気力線は，電場全体を直観的にイメージできる最も単純かつすぐれた表現手法である。

　電気力線は，つぎのルールで描かれる。

① 電気力線は，正電荷から始まり，負電荷に終わる（電気力線上に矢印を書き，電場の向きを示す）。

② 電気力線の接線方向は，電場の方向と等しい（**図 1.12**）。したがって，電気力線は交わることはない。

③ 電気力線の密度が高い（電気力線の間隔が狭い）場所は電場が強い場所である。

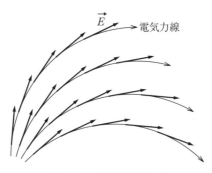

図 1.12　電場と電気力線

図 1.13 に二つの電荷の間の電気力線の例を示す（図（a）は二つの電荷が異符号の場合，図（b）は同符号の場合である）。さらに，電気力線は「q〔C〕の電荷からは，q/ε_0 本の電気力線が出ている」と考えることで，あたかもそ

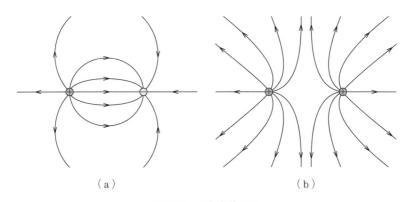

（a）　　　　　　　　　　　　　（b）

図 1.13　電気力線の例

れが電場に代わる物理量として，現象をより定量的にわかりやすくすることにも利用できる。つまり，1.2.2項で述べた「q/ε_0の流量の水が湧き出し」であるが，これをq/ε_0本の電気力線が出ていると考えるのである。これより，1 N/C の単位電場では，電気力線の密度は 1 本/m^2 となり，電場を電気力線で定量的に理解することができる。

演 習 問 題

【1.1】

　問図 1.1 に示すように，二つの点電荷 $2q$ と $-q$（$q>0$）が距離 R だけ離れて固定されている。これらの電荷を結ぶ直線上で右側から電荷 q が二つの固定電荷に近づく。q と $-q$ の距離を r として，二つの固定電荷が移動電荷 q におよぼすクーロン力が斥力から引力に変わる境界 r を求めよ。

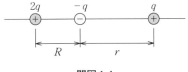

問図 1.1

【1.2】

　問図 1.2 に示すように，距離 a を隔てた点 A，B に二つの点電荷 q（$q>0$）が置かれている。さらに，これらを結ぶ線分の延長線上の点 C，D（A，B からの距離はそれぞれ a）に，二つの点電荷 Q（$Q>0$）が置かれている。点 A に置かれた点電荷 q に力が働かないようにするための Q の値を求めよ。

問図 1.2

【1.3】

　問図 1.3 に示すように，三個の点電荷 q （$q>0$）を同一平面上で 1 辺が a の正三角形をなすように置き，正三角形の重心に点電荷 $-Q$ （$Q>0$）を置く。正三角形の頂点に置かれた点電荷に力が働かないようにするための Q の値を求めよ。

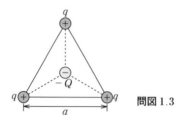

問図 1.3

【1.4】

　点電荷 q （>0）から 1 m 離れた点での電場の大きさが 1 N/C であるとき，点電荷 q の電荷量〔C〕を求めよ。

ガウスの法則

　1章ではクーロンの法則から電場を導いた。そして，電場は，クーロン力を説明する便宜的な物理量ではなく，クーロン力の源となる本質的な物理量であることを説明した。本章では，電場に関する重要な法則であるガウスの法則を導き，ガウスの法則とクーロンの法則が等価であることを解説する。さらに，ガウスの法則を用いると，電荷が対称性良く配置されている場合，電場を簡単に導けることを示す。

2.1　ガウスの法則とその導出

2.1.1　流れと閉曲面

　1.2.2項では，水の湧き出しとその流れから，電場が類推できることを説明した。本節では，この水の湧き出しとその流れについて，さらに考えを進めてみよう。

　1.2.2項と同様に，1点から水が湧き出し続け，周囲に向かって一様に流れ出ている空間に，任意の閉曲面†Aを考えてみる（**図2.1（a）**）。この図では，Aは湧き出し点Pを含んでいない。水は，閉曲面Aの点P側の面からA内に流れ込んでいる。そして，閉曲面Aの点Pとは反対側の面から流れ出ている（なお，湧き出しだけではなく，吸い込みも考えることができ，それは負の湧き出しと考えればよい）。

　ここで，閉曲面Aに出入りする総流量を考えてみよう。このために，まず，

---

†　外と内とを分ける閉じた面であり，シャボン玉のようなものを想像すればよい。

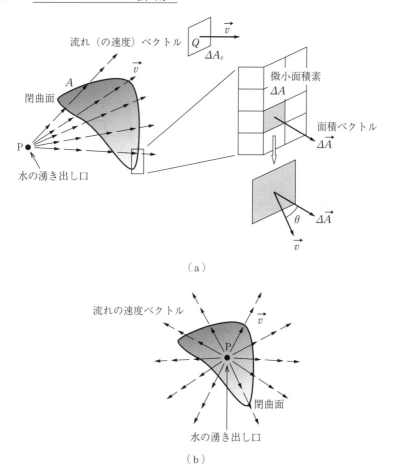

（a）

（b）

図 2.1 水の流れと閉曲面

面積ベクトル $\Delta\overrightarrow{A}$ というベクトル量を導入する[†]。面積ベクトル $\Delta\overrightarrow{A}$ は，閉曲面 A を微小な面積素 ΔA に分けたとき，その面積素の中心に定義されるベクトルである。そして，

　　大きさ：ΔA

　　方向と向き：ΔA に垂直で閉曲面 A の内から外へ向かう向き

である。

　　[†]　面積はスカラー量であるが，ここでは，それをベクトルに拡張した値を定義する。

一方，空間の任意の点 Q には，水の流れを表すベクトル $\vec{v}$ を考えることができる。正確には，Q を中心とした微小な面積 ΔA_v〔m²〕を考え，ΔA_v の法線ベクトルが $\vec{v}$ と同じ方向（水の流れと同じ方向）になるようにする（図 2.1（a））。ここで $\vec{v}$ の大きさであるが，$|\vec{v}| \times \Delta A_v$ の値が，微小な面積 ΔA_v から毎秒流れ出る水の量 ΔV_w〔m³/s〕になるものとする。すなわち，$\Delta V_w = |\vec{v}| \times \Delta A_v$ であるから，$|\vec{v}|$〔m/s〕は水の速度となり，$\vec{v}$ は Q における水の速度ベクトルとなる[†]。

さて，ここで，閉曲面 A の微小な面積素 ΔA から毎秒流れ出る水の量を計算してみよう。面積素 ΔA の中心点の水の速度ベクトルに $\vec{v}$ について，$\vec{v}$ と面積ベクトル $\Delta \vec{A}$ は垂直ではない。このため，毎秒流れ出る水の量は，$|\vec{v}| \times \Delta A$ とはならない。ΔA から流れ出る水の速度ベクトル $\vec{v}$ のうち，実際に流れ出る量に寄与するのは ΔA に垂直な成分，すなわち，$\Delta \vec{A}$ と並行な成分だけであり，$\Delta \vec{A}$ に垂直な成分は出ていかない。つまり，$\vec{v}$ と $\Delta \vec{A}$ とのなす角度を θ とすれば，$|\vec{v}| \cos\theta$ だけが流れ出る水の量に寄与する速度ベクトルである。よって，$\Delta \vec{A}$ から毎秒流れ出る水の量は $|\vec{v}| \cos\theta \times \Delta A = \vec{v} \cdot \Delta \vec{A}$（・はベクトルの内積を示す）となる。

ここで大切なことは，$\Delta \vec{A}$ は，つねに閉曲面の内側から外側に向かう向きであるのに対して，$\vec{v}$ は閉曲面から流れ出る場合（$\theta > 0$）と流れ込む場合（$\theta < 0$）があるため，$|\vec{v}| \cos\theta \times \Delta A$ は，流れ出る場合は正，流れ込む場合は負となることである。よって，$|\vec{v}| \cos\theta \times \Delta A$ を閉曲面全体について足し合わせた量は，閉曲面全体に流入流出した総流量 Φ となり

$$\Phi = \sum |\vec{v}||\Delta \vec{A}| \cos\theta = \sum \vec{v} \cdot \Delta \vec{A} \tag{2.1}$$

と計算することができる。$\Delta \vec{A} \to 0$ として，積分で表現すれば

$$\Phi = \oint_A \vec{v} \cdot d\vec{A} \tag{2.2}$$

[†] $|\vec{v}| = \Delta V_w / \Delta A_v$ より，$\vec{v}$ は 1 点における単位面積当りに流れ出る水の量と考えてもよい。

となる[†]。ここで積分記号 $\oint_A$ は，対象とする閉曲面 A 全体に対する積分を表している。なお，$d\vec{A}$（微小面積）を積分変数とする積分は，面積分と呼ばれる。つまり，式 (2.2) は，閉曲面全体に対する $\vec{v}$ の面積分を表している。

さて，もし，閉曲面が図 2.1（a）のように湧き出し点 P を含んでいなければ，水が閉曲面の中に溜まることはないから（流入した量と流出した量は等しいから）

$$\Phi = \oint_A \vec{v} \cdot d\vec{A} = 0 \tag{2.3}$$

となる。一方，閉曲面が図 2.1（b）のように P を含んでいる場合は

$$\Phi = \oint_A \vec{v} \cdot d\vec{A} = （\text{P から毎秒湧き出す水の量，または吸い込む量}） \tag{2.4}$$

となる。

2.1.2 ガウスの法則の導出

前章で，「電荷 q からは，あたかも q/ε_0 の流量の水が湧き出すのと同様に，電場 $\vec{E}$ が湧き出している（q が負であれば，湧き出しの反対で，吸い込みとなる）」ということを説明した。これより，電場においても任意の閉曲面 A に対して式 (2.3)，(2.4) が成り立つ。これがガウスの法則（Gauss' law）であり

$$\Phi = \oint_A \vec{E} \cdot d\vec{A} = \frac{q_{enc}}{\varepsilon_0} \tag{2.5}$$

と表される。左辺の $\Phi = \oint_A \vec{E} \cdot d\vec{A}$ は，**図 2.2** のように，電場 $\vec{E}$ の空間に任

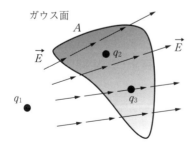

図 2.2 ガウス面とガウスの法則

---

† このように，面に対する積分を面積分と呼ぶ。

意の閉曲面（これをガウス面と呼ぶ）を考え，ガウス面全体にわたって $\vec{E} \cdot d\vec{A}$ を足し合わせた（積分した）値であり，これを電場束と呼ぶ。そして，右辺の q_{enc}/ε_0 は，前章で説明した q/ε_0 に対応している。

ここで大切なことは，q_{enc} はガウス面に内包される電荷の総量であり，図2.2の場合は，$q_{enc} = q_2 + q_3$ であり，q_1 は含まれないことである[†]。理由は，前項で述べた水の流れと同様に，q_1 による電場はガウス面 A に入った分と出た分は等しいため，Φ には寄与しないためである。

そして，もう一つ大切なことは，q_{enc} はガウス面に内包される電荷の寄与のみであるのに対して，$\Phi = \oint_A \vec{E} \cdot d\vec{A}$ の $\vec{E}$ は，すべての電荷（図2.2では，q_1, q_2, q_3）の寄与による電場であることである。

これは，q_1, q_2, q_3 による電場をそれぞれ，$\vec{E_1}$, $\vec{E_2}$, $\vec{E_3}$ とすれば，$\vec{E} = \vec{E_1} + \vec{E_2} + \vec{E_3}$ であり，したがって，式 (2.5) の左辺（電場束）は

$$\Phi = \oint_A \vec{E} \cdot d\vec{A} = \oint_A (\vec{E_1} + \vec{E_2} + \vec{E_3}) \cdot d\vec{A}$$
$$= \oint_A \vec{E_1} \cdot d\vec{A} + \oint_A \vec{E_2} \cdot d\vec{A} + \oint_A \vec{E_3} \cdot d\vec{A} \qquad (2.6)$$

であり，このうち図2.2では $\oint_A \vec{E_1} \cdot d\vec{A} = 0$ となるため，$\Phi = \oint_A \vec{E_2} \cdot d\vec{A} + \oint_A \vec{E_3} \cdot d\vec{A}$ であり，すなわち，$\Phi = \oint_A \vec{E} \cdot d\vec{A}$ は q_2 と q_3 のみ寄与となることからも理解できる。

2.1.3　クーロンの法則とガウスの法則

ガウスの法則は，クーロンの法則（電場を表す式 (1.9)）から自然に導かれる法則であり，両者は等価である。これは，**図2.3**に示す点電荷 q に対して，点 q を中心とする半径 r の球面をガウス面 A としてガウスの法則を適用することで，以下のとおり理解できる。

半径 r の球面をガウス面 A とした場合，A 上のどの点をとっても $\vec{E}$ の大きさは同じであり，$\vec{E}$ は A に対して垂直である。これは，「対称性から考えて，

[†]　q_{enc} の添え字は，enclosed（内包された）の enc である。

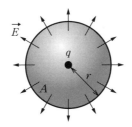

図2.3　点電荷とガウス面

$\vec{E}$ の大きさが A 上の点で異なったり，$\vec{E}$ の向き垂直方向から傾いているようなことはありえない」→「傾いているとしたら，その方向がなにか特別な方向であり，そのような特別な方向は対称性から考えてありえない」→「だから，$\vec{E}$ の大きさはすべて同じで，$\vec{E}$ は A に対して垂直である」と考えるのである（このような対称性に基づく考え方は，重要である）。よって，まず，$\vec{E}$ は A に対して垂直であるから，$\vec{E} \,/\!/\, d\vec{A}$ であり

$$\Phi = \oint_A \vec{E} \cdot d\vec{A} = \oint_A |\vec{E}||d\vec{A}|\cos\theta = \oint_A |\vec{E}||d\vec{A}|\cos 0 = \oint_A |\vec{E}||d\vec{A}| \tag{2.7}$$

である。そして，$\vec{E}$ の大きさは同じであるから $|\vec{E}|$ は一定であり

$$\Phi = \oint_A |\vec{E}||d\vec{A}| = |\vec{E}| \oint_A |d\vec{A}| \tag{2.8}$$

となる。ここで，$\oint_A |d\vec{A}|$ は半径 r の球の表面積のことであるから，$\oint_A |d\vec{A}| = 4\pi r^2$ である。したがって

$$\Phi = |\vec{E}| \oint_A |d\vec{A}| = |\vec{E}| 4\pi r^2 \tag{2.9}$$

が導かれる。一方，ガウス面 A に含まれる総電荷は q であり，したがって $q_{enc}/\varepsilon_0 = q/\varepsilon_0$ であるから

$$\Phi = |\vec{E}| 4\pi r^2 = \frac{q}{\varepsilon_0} \tag{2.10}$$

であり，これより，クーロンの法則（電場を表す式 (1.10)）

$$|\vec{E}| = \frac{q}{4\pi\varepsilon_0 r^2} \tag{2.11}$$

が導かれる。

2.2 ガウスの法則を用いた電場の計算

2.2.1 帯電した無限直線による電場

図 2.4（a）に示すように，無限直線（無限に長い直線）が，単位長さ当り λ〔C/m〕（$\lambda > 0$）で帯電している（すなわち，電荷の線密度は λ〔C/m〕である）。このように，電荷が連続的に線状に分布したものを線電荷と呼ぶ。この直線から r 離れた点 P における電場 $\vec{E}$ をガウスの法則で求めてみよう（これは例題 1.3 と同じ問題である）。

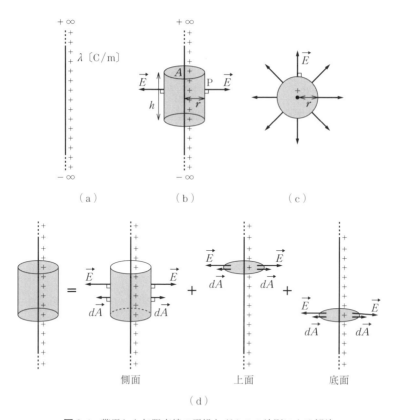

図 2.4 帯電した無限直線の電場とガウスの法則による解法

ガウス面 A を，図 2.4（b）に示すように無限直線を中心線とする半径 r，高さ h の円筒閉曲面とする。まず，電場 $\vec{E}$ の方向と向きを考えてみよう。図（c）は真上からガウス面を見た図であるが，筒側面のどの点も他の点と同等であるから（対称であるから），$\vec{E}$ は円筒面に対して傾くことはありえない。したがって，$\vec{E}$ の方向は円筒面に対して垂直である。また，$\lambda > 0$ であるから，$\vec{E}$ の向きは，直線から遠方に向かう。

つぎに，電場 $\vec{E}$ の大きさ $|\vec{E}|$ であるが，円筒側面のどの点も他の点と同等であるからことから，円筒側面上でも $|\vec{E}|$ は同じ値となる。

まず，ガウス面を図（d）のように「側面」，「上面」，「底面」に分けて，ガウスの法則の左辺（電場束）を計算する。すなわち

$$\Phi = \oint_A \vec{E} \cdot d\vec{A} = \oint_A \vec{E} \cdot d\vec{A} + \oint_A \vec{E} \cdot d\vec{A} + \oint_A \vec{E} \cdot d\vec{A} \qquad (2.12)$$
$$\text{（側面）} \qquad \text{（上面）} \qquad \text{（底面）}$$

を計算する。ここで，上面と底面については，$\vec{E} \perp d\vec{A}$ であり，したがって

$$\vec{E} \cdot d\vec{A} = \vec{E} \cdot d\vec{A} = 0 \qquad (2.13)$$
$$\text{（上面）} \quad \text{（底面）}$$

であるから

$$\Phi = \oint_A \vec{E} \cdot d\vec{A} = \oint_A \vec{E} \cdot d\vec{A} \qquad (2.14)$$
$$\text{（側面）}$$

を計算すればよい。さらに，側面については $\vec{E} \,/\!/\, d\vec{A}$ であり，$\vec{E}$ と $d\vec{A}$ の向きは同じであるから

$$\vec{E} \cdot d\vec{A} = |\vec{E}| |d\vec{A}| \cos\theta = |\vec{E}| |d\vec{A}| \qquad (2.15)$$
$$\text{（側面）} \quad \text{（側面）} \qquad \qquad \text{（側面）}$$

である。電場 $|\vec{E}|$ は，側面上で一定（定数）なので

$$\Phi = \oint_A \vec{E} \cdot d\vec{A} = \oint_A |\vec{E}| |d\vec{A}| = |\vec{E}| \oint_A |d\vec{A}| \qquad (2.16)$$
$$\text{（側面）} \quad \text{（側面）} \qquad \qquad \text{（側面）}$$

であり，ここで $\oint_A |d\vec{A}|$ は円筒の側面の面積 $2\pi r \times h$ であるから

$$\Phi = \left|\vec{E}\right| \oint_A d\vec{A} = \left|\vec{E}\right| 2\pi r h \tag{2.17}$$
（側面）

がガウスの法則の左辺（電場束）となる。一方，ガウスの法則の右辺は，ガウス面に含まれる電荷の総量 q_{enc} であり，$q_{enc} = \lambda h$ であるから

$$\frac{q_{enc}}{\varepsilon_0} = \frac{\lambda h}{\varepsilon_0} \tag{2.18}$$

したがって，式 (2.17) = 式 (2.18) から

$$\left|\vec{E}\right| 2\pi r h = \frac{\lambda h}{\varepsilon_0} \tag{2.19}$$

よって，$\left|\vec{E}\right|$ は

$$\left|\vec{E}\right| = \frac{\lambda}{2\pi\varepsilon_0 r} \tag{2.20}$$

と求めることができる。

　帯電した無限直線の電場 $\vec{E}$ については，すでに前章の例題 1.3 で計算しているが，このようにガウスの法則を用いることで，例題 1.3 のような複雑な積分を用いずとも容易に求めることができる。ただし，いつでもガウスの法則を用いれば容易に電場を求められるわけではない。ガウスの法則によって，電場 $\vec{E}$ が容易に計算できるケースは

　① 電荷の分布に対称性がある

ことであり，この対称性をうまく利用したガウス面をとることで

　② 電場 $\vec{E}$ の向きが $\vec{E} /\!/ d\vec{A}$ や $\vec{E} \perp d\vec{A}$　→　内積を容易に計算できる

　③ 電場の大きさ $\left|\vec{E}\right|$ が一定　→　$\left|\vec{E}\right|$ を定数として積分計算の外に出せる

といった特徴を利用することがポイントである。

2.2.2　帯電した無限平面による電場

図 2.5 (a) に示すとおり，無限平面（無限に広い平面）が単位面積当り σ 〔C/m^2〕（$\sigma > 0$）で帯電している（すなわち，電荷の面密度は σ〔C/m^2〕である）。このように，電荷が連続的に面状に分布したものを面電荷と呼ぶ。今

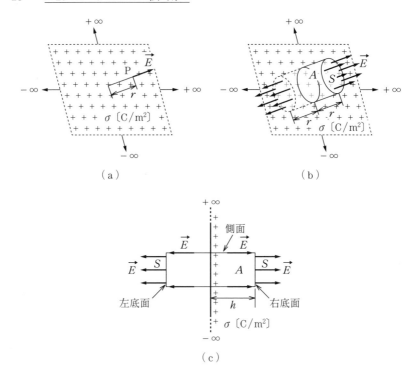

（a）   （b）

（c）

図2.5 帯電した無限平面の電場とガウスの法則による解法

度は，この平面から r 離れた点Pにおける電場 $\vec{E}$ をガウスの法則で求めてみよう。

　図2.5（b）に示すように，ガウス面 A を底面積が S で高さ $2r$ の円筒とし，無限平面の表裏で対称（高さ r）とする。前節の無限直線と同様，まず，電場 $\vec{E}$ の方向と向きを考えてみよう。図（c）は真横からガウス面を見た図であるが，前節と同様に対称性から $\vec{E}$ は無限平面に垂直である。そして，$\sigma > 0$ であるから $\vec{E}$ の向きは，平面から遠方に向かうようになる。

　つぎに，2.2.1項と同様に円筒を各面に分けて考えてみよう。図2.5（c）では円筒が横向きになっているので，図に示すように，「側面」，「右底面」，「左底面」とする。今度は，側面について $\vec{E} \perp d\vec{A}$ であるから，$\vec{E} \cdot d\vec{A} = 0$ となる。また，帯電している面は無限に広いので，底面上で $|\vec{E}|$ はすべて同じで

あり，かつ，「右底面」と「左底面」で$|\vec{E}|$は等しい。したがって

$$\Phi = \oint_A \vec{E} \cdot d\vec{A} = \underset{(側面)}{\oint_A \vec{E} \cdot d\vec{A}} + \underset{(右底面)}{\oint_A \vec{E} \cdot d\vec{A}} + \underset{(左底面)}{\oint_A \vec{E} \cdot d\vec{A}}$$

$$= \underset{(右底面)}{\oint_A \vec{E} \cdot d\vec{A}} + \underset{(左底面)}{\oint_A \vec{E} \cdot d\vec{A}}$$

$$= \underset{(底面)}{2\oint_A \vec{E} \cdot d\vec{A}} \tag{2.21}$$

一方，底面については$\vec{E} // d\vec{A}$であり，$\vec{E}$と$d\vec{A}$の向きは同じであるから

$$\vec{E} \cdot d\vec{A} = |\vec{E}||d\vec{A}|\cos\theta = |\vec{E}||d\vec{A}| \tag{2.22}$$

である。したがって，$|\vec{E}|$は底面上で一定（定数）であることも考慮すると

$$\Phi = \underset{(底面)}{2\oint_A \vec{E} \cdot d\vec{A}} = \underset{(底面)}{2\oint_A |\vec{E}||d\vec{A}|} = \underset{(底面)}{2|\vec{E}|\left|\oint_A d\vec{A}\right|} \tag{2.23}$$

ここで，$\oint_A |d\vec{A}|$は円筒の底面の面積であり，これをSとしたので

$$\Phi = 2|\vec{E}|S \tag{2.24}$$

がガウスの法則の左辺となる。一方，ガウスの法則の右辺は，円筒閉曲面に含まれる電荷の総量q_{enc}であるから，図2.5（b）より

$$\frac{q_{enc}}{\varepsilon_0} = \frac{\sigma S}{\varepsilon_0} \tag{2.25}$$

である。したがって，式（2.24）＝式（2.25）から

$$2|\vec{E}|S = \frac{\sigma S}{\varepsilon_0} \tag{2.26}$$

よって，$|\vec{E}|$は

$$|\vec{E}| = \frac{\sigma}{2\varepsilon_0} \tag{2.27}$$

と求めることができる。

　この結果からわかるように，帯電した無限に広い平面の電場の大きさは，平面からの距離rによらず一定となる。これは一見不思議な気がするが，無限に

広い平面を対象としていることによる帰結である。直感的には，例えば，サッカーグラウンドほど広い平面が一様に帯電していた場合，その平面の中心から距離 $r=1\,\mathrm{cm}$ 離れた点の $|\vec{E}|$ は，r が 10 倍になったとしても（$r=10\,\mathrm{cm}$ でも）ほとんど変わらないことと考えられる。そして，r がさらに大きくなったとしても，平面がそれ以上に大きくなれば，同様に考えることができる。

　また，この問題ではガウス面として円筒閉曲面を用いたが，円筒（円柱）の底面の面積 S は式 (2.26) からわかるように，左辺と右辺に表れるのでキャンセルし，計算結果には影響しない。したがって，ガウス面は円筒（円柱）である必要はなく，底面は任意形状の「柱」であればよいことも理解できよう。

【例題 2.1】

　図 2.6 に示すように半径 R の球殻（球状の薄い殻）が一様に帯電していて，その全電荷量は Q（>0）である。球殻内外の電場 $\vec{E}$ を求めよ。なお，図は，球殻の中心 O を含む断面を示している。

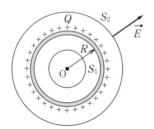

図 2.6

<解答>

　球殻の内外に同心球面のガウス面 S_1 と S_2 をとる。中心点 O から，動径方向を r とすると，

　球殻内（$r<R$）：ガウス面 S_1 上に電場が発生するとすれば，すべて同じ大きさで，S_1 に垂直である。したがって，もし電場が S_1 上に存在した場合，式 (2.5) の左辺は 0 ではない[†]。一方，$q_{enc}=0$ であることから式 (2.5) の右辺は 0 となるので，電場は

---

†　ガウス面上に電場が存在しても，電場がガウス面上で非対称なときは式 (2.5) の左辺は 0 になることがあるので，注意が必要である。

存在せず，$\vec{E}=0$ である。

球殻外（$r>R$）：ガウス面 S_2 上に電場が発生するとすれば，すべて同じ大きさで，S_2 に垂直である。$q_{enc}=Q$（>0）であるから，電場 $\vec{E}$ の向きは球殻に垂直で動径に沿って放射する向きであり，電場大きさ $|\vec{E}|$ は図2.3の場合と同様に

$$|\vec{E}|=\frac{1}{4\pi\varepsilon_0}\frac{Q}{r^2}\quad(r>R)$$

である。　　　　　　　　　　　　　　　　　　　　　　　　　　　　　　　　◇

2.2.3　導体内の電場と導体の帯電

導体（conductor）の定義は「電荷が自由に移動できる物体」であり，金属（特に電気抵抗[†]が低い，金や銀など）をモデル化したものである。そして，以下の性質がある。

【導体の性質】

図2.7 に示すように，空間中に孤立した導体が存在したとき，その帯電の有無にかかわらず，

① 導体内部の電場 $\vec{E}$ は，外部電場 $\vec{E}_{ext}$ の有無にかかわらず，0 となる。

② 導体の電荷は，導体内部の電場 $\vec{E}$ を 0 とし，かつ，導体表面の電場 $\vec{E}_{srf}$ が導体表面に垂直になるように導体表面に分布する（導体内部には電荷

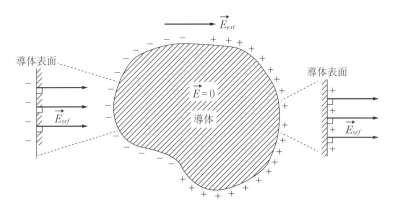

図2.7　帯電した孤立導体の電荷分布と電場

---

†　電気抵抗については，5章で詳しく説明する。

は存在しない)†。

そして，この性質は，以下のとおり証明することができる。

【証明】

1) 導体の内部に電場 $\vec{E}$ が存在したと仮定すると，その電場によって電荷が移動し，導体内部に電流が流れ続けることとなり，事実に反する。したがって，導体内部には電場は存在しない。

2) 導体内部にガウス面をとり，そのガウス面に対してガウスの法則を適用した場合，① より導体内部には電場 $\vec{E}$ は存在しないので，式 (2.12) は

$$\Phi = \oint_A \vec{E} \cdot d\vec{A} = \frac{q_{enc}}{\varepsilon_0} = 0$$

したがって，$q_{enc} = 0$ であり，導体内部に電荷は存在しない。よって，電荷は導体表面に集まる（導体表面に移動する）。

3) さらに，導体表面に並行な電場が存在すると導体表面に集まった電荷が電場に沿って移動し，導体表面に電流が流れ続けることとなる。これも事実に反する。

4) したがって，導体表面に集まった電荷は，導体表面の電場が導体表面に垂直になるように分布する。   □

なお，導体外部の電場によって，導体内部の電荷が移動し，その表面に正負の電荷分布が生じる現象は，静電誘導（electrostatic induction）と呼ばれる。また，表面に現れた電荷は，誘導電荷（induced charge）と呼ばれる。

2.2.4 帯電した導体表面の電場

導体表面の局所的な電荷の面密度を σ 〔C/m²〕とするとき，導体表面（導体表面に非常に近い場所）での電場の大きさ $|\vec{E}|$ を求めてみよう。

前述したように，導体内部には電場 $\vec{E}$ は存在せず，導体表面の $\vec{E}$ は導体表面に垂直である（**図 2.8**）。ここで，導体表面に非常に近い点で，2.2.2 項の図

---

† この「帯電」は，余剰な電荷による帯電だけでなく，総電荷量が 0 である局所的な帯電（図 1.2（d））の場合も含む。

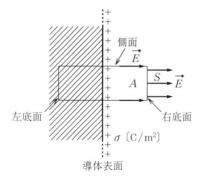

図 2.8 導体表面の電場

2.5 と同じようにガウス面をとれば，式 (2.21) と同じようにガウスの法則を適用できるが，導体内部に電場 $\vec{E}$ は存在しないため，式 (2.23) の左底面についての寄与がなくなるため

$$\Phi = \oint_A \vec{E} \cdot d\vec{A} = \oint_A \left| \vec{E} \right| \left| d\vec{A} \right| = \left| \vec{E} \right| \oint_A \left| d\vec{A} \right| \tag{2.28}$$
$$\text{（右底面）} \qquad \text{（右底面）} \qquad \text{（右底面）}$$

となる。これより

$$\left| \vec{E} \right| S = \frac{\sigma S}{\varepsilon_0} \tag{2.29}$$

となり，よって，$\left| \vec{E} \right|$ は

$$\left| \vec{E} \right| = \frac{\sigma}{\varepsilon_0} \tag{2.30}$$

と求めることができる。

2.2.5 帯電した 2 枚の平行導体平板間の電場

　図 2.9（a）に示す 2 枚の平行導体平板（有限の面積）にそれぞれ $+Q$ と $-Q$ の電荷を与えたときの電場を考えてみよう。両平板は同じ形状で，その面積は，S とする。また，両平板の対向面の間の距離を d とし，両平板は十分接近しているものとする（$d \ll S$）。このため，正負の電荷の引力が非常に大きくなり，電荷は両平板の対向面のみに集まるようになり，電場も両対向平板に垂直となる。向かい合った面の電荷密度はそれぞれ，$+Q/S = +\sigma$，$-Q/S =$

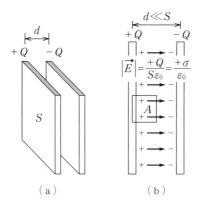

図2.9　2枚の平行導体平板の電場

$-\sigma$ となる。そこで，図2.9（b）に示すように，ガウス面 A を図2.8と同様に一方の底面を導体内部にとることで，式 (2.30) より，電場 $\vec{E}$ は平板に垂直で正電荷から負電荷に向かい，その大きさは

$$\left|\vec{E}\right| = Q/S = \sigma/\varepsilon_0 \tag{2.31}$$

となる（正確には，平板端部では，非対称性からその表面電荷密度が式 (2.31)からずれるが[†]，平板端部は全体のわずかな部分であるため無視できる）。

　なお，この計算結果には，負電荷による電場が含まれていないと思う読者もいるかもしれないが，この結果には負電荷の影響も含まれている（ガウスの法則の成り立ちを再考して欲しい）。

【例題 2.2】

　図 2.10 に示すように，半径 a の導体球とそれを包む導体球殻がある（図は断面図を示す）。導体球殻の内側の球面の半径は b で外側の球面の半径は c である（$a<b<c$ の関係にある）。そして，導体球に Q_1（>0），導体球殻に Q_2（>0）の電荷を与えた。このとき，(1) $r\leqq a$，(2) $a<r<b$，(3) $b\leqq r\leqq c$，(4) $c<r$ の電場 $\vec{E}$ を求めよ。

---

†　このような端部のずれは，エッジ効果と呼ばれる。

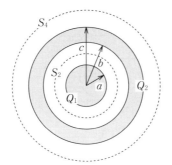

図 2.10

<解答>

(1) $r \leqq a$

導体内部には電場は発生しないので

$$|\vec{E}| = 0$$

(2) $a < r < b$

同心球面 S_2 をガウス面（半径 r）としてガウスの法則を適用する。電場 $\vec{E}$ の向きは，導体球の中心から動径方向，外向きである。ガウス面内に含まれる電荷量は Q_1 であるから，例題 2.1 と同様にして

$$|\vec{E}| = \frac{Q_1}{4\pi\varepsilon_0 r^2}$$

(3) $b \leqq r \leqq c$

(1) と同じく，導体内部には電場は発生しないので

$$|\vec{E}| = 0$$

(4) $c < r$

同心球面 S_4 をガウス面（半径 r）としてガウスの法則を適用する。電場 $\vec{E}$ の向きは，導体球の中心から動径方向，外向きである。ガウス面内に含まれる電荷量は $Q_1 + Q_2$ であるから，(2) と同様にして

$$|\vec{E}| = \frac{Q_1 + Q_2}{4\pi\varepsilon_0 r^2}$$

ここで，(1) $r \leqq a$ と (2) $b \leqq r \leqq c$ については，導体内ということで $|\vec{E}| = 0$ を導いたが，この結果から電荷がどのように移動したかを検討してみよう。ガウスの法則は，もちろん導体内部でも成り立つので，**図 2.11** に示すように導体内部に球表面 S_3 と S_1 をガウス面とする。

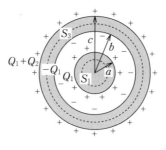

図 2.11

　ガウス面 S_1 については，導体内部なので，当然，電荷は 0 であり，ガウスの法則によっても $|\vec{E}|=0$ が導かれる。ガウス面 S_3 についても $|\vec{E}|=0$ であるから，ガウス面 S_3 内に含まれる電荷は 0 でならなければならない。このため，どのような現象が起きたかというと，導体球殻の内側に $-Q_1$ の電荷が現れたのである。これより，ガウス面 S_3 内の総電荷量は，$Q_1+(-Q_1)=0$ となる。

　一方，導体球殻の内側に $-Q_1$ の電荷が現れたのに対して，Q_1 の電荷が導体球殻の外側に現れる。このため，導体球殻の外側には元々与えられた Q_2 に加わった Q_1+Q_2 が現れたのである（導体球殻全体の電荷量は，$Q_2+Q_1-Q_1=Q_2$ で変わらない）。　◇

演 習 問 題

【2.1】
　問図 2.1 に示すように，半径 a の無限に長い円柱内に円柱の単位長さ当り λ〔C/m〕>0 の電荷が一様に分布している。円柱の内外に生ずる電場 $\vec{E}$ を求めよ。

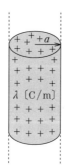

問図 2.1

【2.2】

　全電荷量が $Q>0$ で一様に帯電した半径 R の球がある（**問図 2.2** は断面図を示している）。帯電球の内外に生ずる電場 $\vec{E}$ を求めよ。

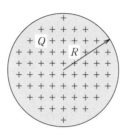

問図 2.2

【2.3】

　問図 2.3 に示すように，電荷密度が $+2\sigma$，$-\sigma$，$+\sigma$〔C/m²〕で帯電した無限平板（無限平面）A，B，C が平行に置かれている（図は平板の断面を示している）。図に示す四つの領域Ⅰ，Ⅱ，Ⅲ，Ⅳの電場の大きさ，$|\vec{E}_\mathrm{I}|$，$|\vec{E}_\mathrm{II}|$，$|\vec{E}_\mathrm{III}|$，$|\vec{E}_\mathrm{IV}|$ を求めよ。

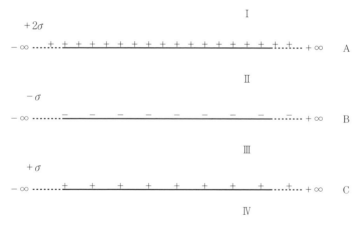

問図 2.3

電　　　　　位

　重力のある空間では，場所の高低を決めることができ，高い場所にある物体は，低い場所に対して正の位置エネルギーを持つ（**図 3.1**（a））。これと同様に，クーロン力のある空間，すなわち，電場（クーロン電場）[†]のある空間でも場所の高低を決めることができる（図（b））。そして，位置エネルギーを定義することができる。本章では，電場のある空間における場所の高低である，電位について解説する。

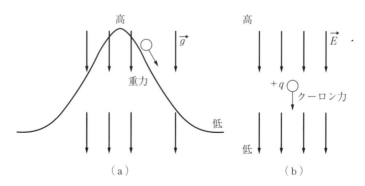

図 3.1　重力とクーロン力による場所の高低

3.1　電位と位置エネルギー

　電場の空間における位置の高低が電位（electric potential）であり，電位によって位置エネルギーを計算することができる。このため，一般的に，エネル

　[†]　電荷による電場は，9 章で説明する電場と区別するために，クーロン電場とも呼ばれる。これに対して，9 章で説明する電場は，誘導電場とも呼ばれる。

ギーから出発して電位を説明することが多い。一方, この説明では, エネルギーについてあまり馴染みのない読者にとっては少々わかりづらくなる。このため本書では, はじめに電位の定義を示し, それが電場の空間の高低を示すことを説明した後に, エネルギーとの関係を解説する。

3.1.1 電位の定義と単位

図 3.2 に示すように, 電場 $\vec{E}$ の空間で, 任意の 2 点 i と f をとり, i を出発点として, f を終着点とする任意の経路 s を考える。そして経路 s 上の各点では, その接線方向で i から f に向かう微小ベクトル $d\vec{s}$ とその点における電場 $\vec{E}$ との内積 $\vec{E} \cdot d\vec{s}$ を計算することができる。この内積 $\vec{E} \cdot d\vec{s}$ を, i から f まで経路 s に沿って加え合わせ, すなわち積分[†1]し, 符号を反転[†2]した値

$$V_{if} = -\int_i^f \vec{E} \cdot d\vec{s} \tag{3.1}$$

を点 i から見た点 f の電位と呼ぶ。そして, この電位 V_{if} は, 点 i から見た点 f の高低であり, $V_{if} > 0$ ならば点 f は点 i より高く, $V_{if} < 0$ ならば点 f は点 i より低いことを示している。このように, 電位 V_{if} は i と f の 2 点によって計算される相対的な値であり, このため, 電位差とも呼ばれる。なお, 理由は後述

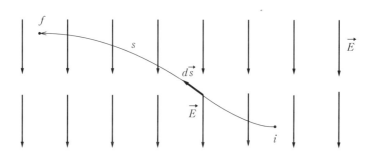

図 3.2 電場のある空間での経路に沿った積分

---

†1 このように経路に沿った積分を線積分と呼ぶ。

†2 符号を反転する理由は, 正確には, 電位の勾配と電場との関係を議論することで導かれる。ここでは, 「正の電荷が, 電位の高い位置から低い位置に移動する」ように電位を定義するために符号を反転すると考えてよい (詳しくは, 3.1.3 項にて解説する)。

するが，電位 V_{if} は経路 s によらず同じ値となる。

電位 V_{if} の単位は，$\vec{E} \cdot d\vec{s}$ からわかるように，電場 $\vec{E}$ の単位〔N/C〕と $d\vec{s}$ の単位〔m〕から，〔Nm/C〕である。そして，〔Nm/C〕は〔V〕とも表示し，ボルトと読む[†]。

ここで積分の出発点である点 i を無限遠点（無限の彼方）とし，これを基準（$V_{\infty}=0\,\mathrm{V}$）とすることで，空間上の各点の電位を絶対的に決めることができる。すなわち，点 i や点 f の絶対的な電位 V_i, V_f を

$$V_i = -\int_{\infty}^{i} \vec{E} \cdot d\vec{s} \tag{3.2}$$

$$V_f = -\int_{\infty}^{f} \vec{E} \cdot d\vec{s} \tag{3.3}$$

と計算することができる。したがって，式 (3.1) は

$$V_{if} = V_f - V_i = -\int_{i}^{f} \vec{E} \cdot d\vec{s} \tag{3.4}$$

と記述できる。

3.1.2 一様な電場による電位

ここで，一様な電場 $\vec{E}$ における電位を式 (3.4) に従って計算してみよう。図 3.3（a）に示すように，一様な電場 $\vec{E}$ の空間に距離 d だけ離れた点 i と点

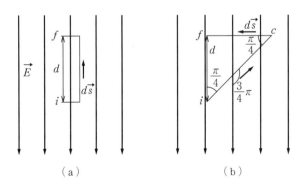

（a）   （b）

図 3.3 一様な電場における電位の計算

[†] 電池の電圧（voltage）など，日常使われている〔V〕（ボルト）と等しい。

f がある。経路 s を，電場 $\vec{E}$ に沿った i から f への最短経路とすると $\vec{E}$ と $d\vec{s}$ は平行で向きが逆であるから

$$\vec{E} \cdot d\vec{s} = \left|\vec{E}\right|\left|d\vec{s}\right|\cos\theta = \left|\vec{E}\right|\left|d\vec{s}\right|\cos\pi = -\left|\vec{E}\right|\left|d\vec{s}\right| \tag{3.5}$$

であり，したがって

$$V_{if} = V_f - V_i = -\int_i^f \vec{E} \cdot d\vec{s} = -\int_i^f \left(-\left|\vec{E}\right|\left|d\vec{s}\right|\right) = \left|\vec{E}\right|\int_i^f \left|d\vec{s}\right| = \left|\vec{E}\right|d \tag{3.6}$$

と計算できる。この例では $V_{if} = \left|\vec{E}\right|d > 0$ となり，つまり，点 i から見ると点 f は $\left|\vec{E}\right|d$ だけ高い位置にあり，点 f に正の電荷を置くと，点 i に向かって移動する（電位の高い位置から，低い位置へ移動する）。

　ここで，経路 s を図 3.3（b）のように，点 c を経由する直角二等辺三角形の 2 辺として電位を計算してみよう。つまり

$$V_f - V_i = -\int_c^f \vec{E} \cdot d\vec{s} - \int_i^c \vec{E} \cdot d\vec{s} \tag{3.7}$$

と二つの経路に分けて計算する。ここで，右辺第 1 項の $\vec{E} \cdot d\vec{s}$ は $\vec{E}$ と $d\vec{s}$ が直交しているため $\vec{E} \cdot d\vec{s} = 0$ であり，したがって

$$V_f - V_i = -\int_i^c \vec{E} \cdot d\vec{s} \tag{3.8}$$

である。この経路で，$\vec{E}$ と $d\vec{s}$ のなす角は $3\pi/4$ であるから

$$V_f - V_i = -\int_c^f \vec{E} \cdot d\vec{s} = -\int_c^f \left|\vec{E}\right|\left|d\vec{s}\right|\cos\frac{3\pi}{4} = -\left|\vec{E}\right|\cos\frac{3\pi}{4}\int_c^f \left|d\vec{s}\right|$$

$$= -\left|\vec{E}\right|\cos\frac{3\pi}{4}\left(\frac{d}{\cos\dfrac{\pi}{4}}\right) = \left|\vec{E}\right|\cos\frac{\pi}{4}\left(\frac{d}{\cos\dfrac{\pi}{4}}\right) = \left|\vec{E}\right|d \tag{3.9}$$

であり，図（a）の経路と同じ結果となり，電位が経路 s によらないことがわかる。

3.1.3　電位とエネルギー（位置エネルギー）

電場 $\vec{E}$ の空間に電荷 q を置くと，電荷 q にはクーロン力 $\vec{F} = q\vec{E}$ が働く。

したがって，電荷 q がこのクーロン力 $\vec{F}$ で経路 s を移動したとすると，$\vec{F} \cdot d\vec{s}$ は経路 s 上の微小移動量に対してクーロン力 $\vec{F}$ が行った仕事 dW に等しく

$$dW = \vec{F} \cdot d\vec{s} \tag{3.10}$$

である。したがって

$$\Delta W_{if} = \int_i^f dW = \int_i^f \vec{F} \cdot d\vec{s} \tag{3.11}$$

は，クーロン力 $\vec{F}$ が経路 s に沿って行った仕事である。そして，この仕事 ΔW_{if} は，電荷 q の運動エネルギーの変化量と等しい。電荷 q の位置エネルギーの変化量を ΔU_{if} とすれば，力学的エネルギーの保存則から

$$\Delta W_{if} + \Delta U_{if} = 0 \quad \Rightarrow \quad \Delta W_{if} = -\Delta U_{if} \tag{3.12}$$

が成り立つ[†]。

一方，式 (3.4) に q を乗ずることで

$$qV_{if} = qV_f - qV_i = -\int_i^f q\vec{E} \cdot d\vec{s} = -\int_i^f \vec{F} \cdot d\vec{s} \tag{3.13}$$

と表せ，したがって

$$qV_{if} = qV_f - qV_i = -\Delta W_{if} \tag{3.14}$$

である。これより

$$qV_{if} = \Delta U_{if} \tag{3.15}$$

であり，電位（電位差）V_{if} に q を乗ずることで，点 f にある電荷 q の点 i を基準としたときの位置エネルギーに等しくなる。すなわち，電位 $V_{if} = V_f - V_i$ は，単位正電荷（$q = 1\,\mathrm{C}$）が点 f にあるときの点 i を基準とした位置エネルギーを示している。

電位が $V_{if} > 0$ であることは，点 i に対して点 f の位置エネルギーが高いことを示しており，点 f に置かれた正の電荷 q は位置エネルギーの低い点 i に向けて移動する（落ちていく）。点 f からスタートとして，点 i に移動したときの位置エネルギーの変化 ΔU_{fi}（$= -\Delta U_{if}$）は $\Delta U_{fi} < 0$ であり，したがって，点 i に達したときに電荷 q は運動エネルギー $\Delta W_{fi} > 0$ を得ている。

[†] 詳しくは，力学の教科書を参照されたい。

　電位（電位差）V_{if} が電荷の位置エネルギーを示していることは，単位系の解析[†1]からも明らかである。電位 V_{if} の単位は〔V〕=〔Nm/C〕であり，したがって，qV_{if} の単位は〔C〕×〔Nm/C〕=〔Nm〕であり，これは仕事，すなわち，エネルギーの単位である。

　ここで，**図 3.4** に示すように，点 i から点 f に経路 s_1 で移動し，点 f から点 i に別の経路 s_2 で戻ったとしよう。つまり $i \to f \to i$ からなるループ一周にわたり線積分を行う。そして，電位 V_{if} が位置エネルギーであるということから，この積分の値は 0 にならなければならない。つまり

$$V_{ii} = (V_f - V_i) + (V_i - V_f) = \left(-\int_i^f \vec{E} \cdot d\vec{s} \right) + \left(-\int_f^i \vec{E} \cdot d\vec{s} \right)$$

$$= -\oint \vec{E} \cdot d\vec{s} = 0 \tag{3.16}$$

である（$\oint$ はループ一周にわたる線積分を表す[†2]）。そして，この結果は図 3.4 に示すように経路 s_1 を s_1' に変更しても同じである。よって，式（3.4）に示す電位の値は，経路によらず同じ値となる。

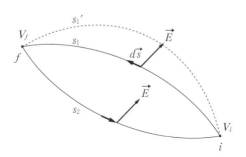

図 3.4 電場の周回積分と電位

　一般に，力 $\vec{F}$ のなす仕事 ΔW_{if} が，位置 i と f だけによって決まり，その経路によらない，すなわち

$$\int_i^f \vec{F} \cdot d\vec{s} = \int_i^f \vec{F} \cdot d\vec{s} \tag{3.17}$$

（経路 s）　　　（経路 s'）

---

†1　これを次元解析と呼ぶ。
†2　これを周回積分と呼ぶ。

が成り立つ場合，この力を保存力と呼ぶ。クーロン力のほかに，重力も保存力である。一方，摩擦力や抵抗は保存力ではない。

3.1.4 電位からの電場の導出

電位のもう一つの特徴は，電位から電場を容易に導出できることである。いま，非常に近接した 2 点，(x, y, z) と (x', y', z') の間の電位差

$$V(x', y', z') - V(x, y, z) = -\int_{(x, y, z)}^{(x', y', z')} \vec{E} \cdot d\vec{s} \tag{3.18}$$

を考えることにしよう。ここで，$V(x', y', z')$，$V(x, y, z)$ は，3.1.1 項で説明したように，それぞれ無限遠点を基準（$V_\infty = 0\,\mathrm{V}$）としているものとみなしてよい。2 点の関係は，$x' = x + dx$，$y' = y + dy$，$z' = z + dz$ と表すことができるので，$d\vec{s}$ は $d\vec{s} = (dx, dy, dz)$ であり，$\vec{E}(x, y, z) = (E_x, E_y, E_z)$ であるから

$$\vec{E} \cdot d\vec{s} = E_x dx + E_y dy + E_z dz \tag{3.19}$$

と計算できる。すなわち，2 点間の電位差は

$$dV(x, y, z) = -(E_x(x, y, z)dx + E_y(x, y, z)dy + E_z(x, y, z)dz) \tag{3.20}$$

である。一方，電位 $V(x, y, z)$ については，その全微分について

$$dV(x, y, z) = \frac{\partial V(x, y, z)}{\partial x}\,dx + \frac{\partial V(x, y, z)}{\partial y}\,dy + \frac{\partial V(x, y, z)}{\partial z}\,dz \tag{3.21}$$

が成り立つ。したがって，式 (3.20) と式 (3.21) から

$$E_x = -\frac{\partial V}{\partial x}, \quad E_y = -\frac{\partial V}{\partial y}, \quad E_z = -\frac{\partial V}{\partial z} \tag{3.22}$$

が導かれる。このように，空間の電位 $V(x, y, z)$ が既知であれば，それから電場 $\vec{E}(x, y, z)$ を容易に計算することができる。

なお，空間の点 (x, y, z) について定義された関数 $f(x, y, z)$ から生成されたベクトル

$$\left(\frac{\partial f(x, y, z)}{\partial x}, \frac{\partial f(x, y, z)}{\partial y}, \frac{\partial f(x, y, z)}{\partial z} \right) \tag{3.23}$$

は，関数 $f(x,y,z)$ の勾配ベクトルと呼ばれ

$$\text{grad} \, f = \left(\frac{\partial f(x,y,z)}{\partial x}, \frac{\partial f(x,y,z)}{\partial y}, \frac{\partial f(x,y,z)}{\partial z} \right) \tag{3.24}$$

と記述する（grad はグラディエントと呼ぶ）。したがって

$$\vec{E} = - \text{grad} \, V \tag{3.25}$$

である。

3.2　電 位 の 計 算

　本節では，電荷の与えられた空間における電位の計算例を示す。最も基本となるのは，点電荷が一つある空間の電位である。後述するように，複数の点電荷がある空間の電位や，連続的な電荷分布のある空間の電位の計算は，点電荷一つによる電位計算の重ね合わせで求めることができる。したがって，まず，点電荷が一つある空間の電位計算を理解することが必要である。

3.2.1　一つの点電荷による電位
　図 3.5 に示すように，点電荷 q〔C〕$(q>0)$ のある位置を原点とし，距離 r

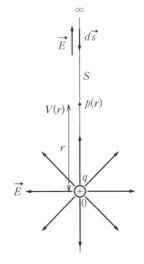

図 3.5　点電荷による電位

だけ離れた点 $p(r)$ の無限遠点に対する電位 $V(r)$ を求めてみよう。

電位を求めるには，まず，電荷による電場 $\vec{E}$ を求める必要がある。1.2.2 項で説明したように，点電荷による電場 $\vec{E}$ は（図1.8），式 (1.10) に示したように，点電荷から湧き出し，球対称（動径方向 r のみの関数）である。電位の計算は経路によらないので，原点からの直線上で $i=\infty$，$f=r$ として式 (3.4) の計算

$$V(r)-V_\infty = -\int_\infty^r \vec{E}\cdot d\vec{s} \tag{3.26}$$

を行う。ここで，$\vec{E}$ と $d\vec{s}$ は方向は同じで向きが逆である。したがって，$\vec{E}\cdot d\vec{s} = -|\vec{E}||d\vec{s}|$ となる。また，無限遠点の電位を 0，すなわち，$V_\infty=0$ とする。したがって，式 (3.26) は

$$V(r) = -\int_\infty^r \vec{E}\cdot d\vec{s} = -\int_\infty^r -|\vec{E}||d\vec{s}| \tag{3.27}$$

となる。ここで，この積分は無限遠点∞から原点 0 に向かって行うため，$ds<0$ であり，したがって，$|d\vec{s}|=-ds$ である。これより

$$V(r) = -\int_\infty^r \vec{E}\cdot d\vec{s} = -\int_\infty^r -|\vec{E}||d\vec{s}| = -\int_\infty^r |\vec{E}|ds$$

$$= -\int_\infty^r \frac{1}{4\pi\varepsilon_0}\frac{q}{s^2}ds = -\frac{q}{4\pi\varepsilon_0}\int_\infty^r \frac{1}{s^2}ds$$

$$= -\frac{q}{4\pi\varepsilon_0}\left[-\frac{1}{s}\right]_\infty^r = \frac{q}{4\pi\varepsilon_0}\left[\frac{1}{s}\right]_\infty^r = \frac{1}{4\pi\varepsilon_0}\frac{q}{r} \tag{3.28}$$

である。このように，点電荷のつくる電場の大きさが $|\vec{E}|=q/4\pi\varepsilon_0 r^2$ なのに対して，電位は $V(r)=q/4\pi\varepsilon_0 r$ となる。違いは，r^2 に反比例か r に反比例かである。

3.2.2　複数の点電荷と連続的な電荷分布による電位

空間に n 個の点電荷 q_n〔C〕があり，各電荷からの距離が r_n である点Pの電位（無限遠点に対する電位）を考えてみよう。n 個の点電荷による点Pにおける電場（電場の総和）を $\vec{E}$ とすると，点Pの電位 V_P は $V_\infty=0$ として

$$V_P = -\int_\infty^r \vec{E}\cdot d\vec{s} = -\int_\infty^r (\vec{E_1}+\vec{E_2}+\vec{E_3}+\cdots+\vec{E_3})\cdot d\vec{s}$$

$$= -\left(\int_\infty^r \vec{E}\cdot d\vec{s} + \int_\infty^r \vec{E_2}\cdot d\vec{s} + \int_\infty^r \vec{E_3}\cdot d\vec{s} + \cdots + \int_\infty^r \vec{E_n}\cdot d\vec{s}\right)\cdot d\vec{s}$$

$$= V(r_1)+V(r_2)+V(r_3)+\cdots+V(r_n) \tag{3.29}$$

となり，各電荷による点Pの電位の総和となる。そして，式 (3.28) の結果から

$$V_P = V(r_1)+V(r_2)+V(r_3)+\cdots+V(r_n) = \sum_{i=1}^n V_i = \frac{1}{4\pi\varepsilon_0}\sum_{i=1}^n \frac{q_i}{r_i} \tag{3.30}$$

と計算できる。

　これより，連続的な電荷によって線電荷や面電荷，立体電荷が形成されている場合も，つぎのように電位 V_P を求めることができる。線電荷や面電荷，立体電荷を構成する微小電荷要素 dq〔C〕による点Pの電位 dV_P は，dq から点Pまでの距離を r として，式 (3.28) から

$$dV_P = \frac{1}{4\pi\varepsilon_0}\frac{dq(r)}{r} \tag{3.31}$$

と表せる。そして，線電荷や面電荷，立体電荷全体による点Pの電位 V_P は，式 (3.30) の足し算を線や面，立体全体の積分に置き換えることにより

$$V_P = \int dV_P = \frac{1}{4\pi\varepsilon_0}\int \frac{dq(r)}{r} \tag{3.32}$$

と計算することができる。

3.3　電 位 の 計 算 例

3.3.1　電 気 双 極 子

　図 3.6 に示すように，$+q$〔C〕と $-q$〔C〕の電荷が距離 d 離れて置かれている（これは例題 1.2 で示した電気双極子である）。両電荷の中間点を原点 O とし，$-q$〔C〕から $+q$〔C〕に向かう座標軸を z する。点 $P(r,\theta)$ は，原点 O からの距離が r で，z 軸と直線 OP のなす角は θ である。このとき，点 $P(r,\theta)$

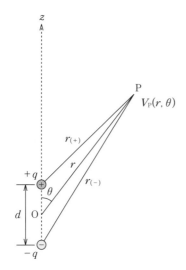

図3.6　電気双極子による電位

の電位 $V_{\mathrm{P}}(r, \theta)$ を求めてみよう。

　電荷 $+q$ 〔C〕，$-q$ 〔C〕と点Pとの距離をそれぞれ，$r_{(+)}$, $r_{(-)}$ とすると，式 (3.28)，(3.29) から

$$V_{\mathrm{P}}\left(r, \theta\right)=\frac{+q}{4\pi\varepsilon_0 r_{(+)}}+\frac{-q}{4\pi\varepsilon_0 r_{(-)}}=\frac{1}{4\pi\varepsilon_0}\left(\frac{+q}{r_{(+)}}+\frac{-q}{r_{(-)}}\right)=\frac{q}{4\pi\varepsilon_0}\frac{r_{(-)}-r_{(+)}}{r_{(+)}r_{(-)}}$$

(3.33)

である。ここで，$r \gg d$ であれば，$r_{(-)}-r_{(+)} \cong d\cos\theta$，$r_{(+)}r_{(-)} \cong r^2$ と近似することができる。したがって

$$V_{\mathrm{P}}\left(r, \theta\right)=\frac{q}{4\pi\varepsilon_0}\frac{r_{(-)}-r_{(+)}}{r_{(+)}r_{(-)}} \cong \frac{q}{4\pi\varepsilon_0}\frac{d\cos\theta}{r^2}$$

(3.34)

と計算できる。

3.3.2　線電荷による電位

　連続的に線状に分布した電荷を線電荷と呼ぶ。図3.7に示すように長さ L の線電荷があり，その電荷密度は λ 〔C/m〕である。このとき，線電荷の左端から，線電荷に垂直に距離 d 離れた点Pの電位 V_{P} を求めてみよう。

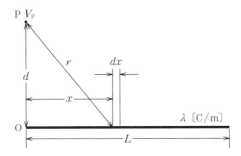

図 3.7 線電荷による電位

　線電荷の左端を原点 O として，L に沿って x 軸をとる。直線 L 上の微小な一部分（これを線素と呼ぶ）を dx とすると，電荷密度 λ 〔C/m〕から，この dx は

$$dq = \lambda dx \ \text{〔C〕} \tag{3.35}$$

の微小電荷，すなわち点電荷とみなせる。そして，直線 L 上の点 x から点 P までの距離を r とすると $r = \left(x^2 + d^2\right)^{\frac{1}{2}}$ であり，式 (3.31) から

$$dV = \frac{1}{4\pi\varepsilon_0} \frac{dq}{r} = \frac{1}{4\pi\varepsilon_0} \frac{\lambda dx}{\left(x^2 + d^2\right)^{\frac{1}{2}}} \tag{3.36}$$

である。点 P の電位 V_P は，式 (3.32) に示すように dq の $x=0$ から $x=L$ までの総和であり，すなわち

$$V_\mathrm{P} = \int_0^L dV = \int_0^L \frac{1}{4\pi\varepsilon_0} \frac{\lambda dx}{\left(x^2 + d^2\right)^{\frac{1}{2}}}$$

$$= \frac{\lambda}{4\pi\varepsilon_0}\left[\ln\left\{L + \left(L^2 + d^2\right)^{\frac{1}{2}}\right\} - \ln d\right] = \frac{\lambda}{4\pi\varepsilon_0}\ln\left[\frac{L + \left(L^2 + d^2\right)^{\frac{1}{2}}}{d}\right] \tag{3.37}$$

と計算できる[†]。

3.3.3 面電荷による電位

図 3.8 に示すように，連続的に面状に分布した電荷を面電荷と呼ぶ。この図

[†] $\displaystyle \int \frac{dx}{\left(x^2 + a^2\right)^{\frac{1}{2}}} = \ln\left\{x + \left(x^2 + a^2\right)^{\frac{1}{2}}\right\}$ である。

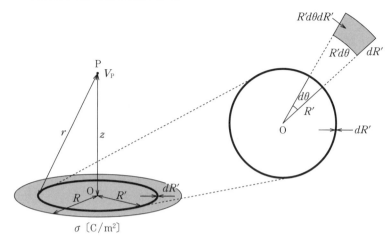

図3.8 円板状電荷による電位

では，電荷が半径 R の円板状に一様に分布しており（円板状電荷），その電荷密度は σ 〔C/m^2〕である。この円板状電荷の円の中心 O から円板に垂直に距離 z にある点 P の電位 V_P を求めてみよう。

はじめに，半径 R' $(R' \leqq R)$ で，微小な幅 dR' を持つ輪の部分の電荷による点 P の電位 dV_P を求める。輪の一部で，その中心角が $d\theta$ の微小要素の面積は，$R'd\theta dR'$ である。したがって，輪の面積 dA は

$$dA = \int_0^{2\pi} R'dR'd\theta = RdR'\int_0^{2\pi} d\theta = 2\pi R'dR' \tag{3.38}$$

である。これより，輪の電荷 dq は

$$dq = \sigma(2\pi R')dR' \tag{3.39}$$

である。よって，この電荷 dq による点 P の電位 dV_P は半径 R' の輪から点 P までの距離を r とすると $r = \left(z^2 + R'^2\right)^{\frac{1}{2}}$ であり，式 (3.31) から

$$dV_P = \frac{\sigma(2\pi R')}{4\pi\varepsilon_0 r}dR' = \frac{\sigma(2\pi R')}{4\pi\varepsilon_0\sqrt{z^2 + R'^2}}dR' = \frac{1}{2\varepsilon_0}\frac{\sigma R'dR'}{\sqrt{z^2 + R'^2}} \tag{3.40}$$

と計算できる。

半径 R' の輪を $R'=0$ から $R'=R$ まで足し合わせることで半径 R の円板となる。したがって，点 P の電位 V_P は，式 (3.32) から

$$V_P = \int dV = \frac{\sigma}{2\varepsilon_0}\int_0^R \frac{R' dR'}{\sqrt{z^2 + R'^2}} = \frac{\sigma}{2\varepsilon_0}\left(\sqrt{z^2 + R^2} - z\right) \tag{3.41}$$

と計算できる。

【例題 3.1】

　全電荷量が $Q>0$ で一様に帯電した半径 R の球（演習問題 2.2 の問図 2.2）がつくる電場 $|\vec{E}|(r)$ と電位 $V(r)$ を求め，図示せよ。

<解答>

　電場 $|\vec{E}|(r)$ は演習問題 2.2 の解にて示しており，それを図示すると**図 3.9**（a）となる。電位 $V(r)$ は以下のとおりである。

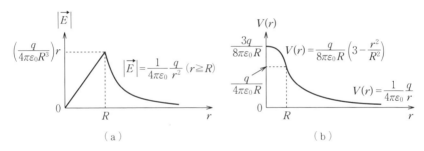

図 3.9

　球外部 $(r>R)$

　すでに説明しているように

$$V(r) = \frac{1}{4\pi\varepsilon_0}\frac{Q}{r}$$

　球内部 $(r \le R)$

$$V(r) - V(R) = -\int_R^r E ds = -\int_R^r \left(\frac{q}{4\pi\varepsilon_0 R^3}\right) s ds = -\frac{q}{4\pi\varepsilon_0 R^3}\int_R^r s ds$$

$$V(r) = \frac{-q}{4\pi\varepsilon_0 R^3}\left[\frac{s^2}{2}\right]_R^r + V(R) = \frac{-q}{8\pi\varepsilon_0 R^3}[r^2 - R^2] + V(R)$$

$$\therefore V(r) = \frac{q}{8\pi\varepsilon_0 R^3}[R^2 - r^2] + \frac{q}{4\pi\varepsilon_0 R} = \frac{q}{8\pi\varepsilon_0 R}\left(3 - \frac{r^2}{R^2}\right)$$

以上を図示すると図（b）となる。　　　　　　　　　　　　　　　　　　◇

【例題 3.2】

3.3.3項で求めた円板状電荷について，z 軸上の電場 $\vec{E}$ を求めよ。

<解答>

式 (3.22) より

$$E_x = -\frac{\partial V}{\partial x} = 0, \quad E_y = -\frac{\partial V}{\partial y} = 0, \quad E_z = -\frac{\partial V}{\partial z} = \frac{\sigma}{2\varepsilon_0}\left(1 - \frac{z}{\sqrt{z^2 + R^2}}\right)$$

である。これより，z 軸上の電場 $\vec{E}(z)$ の向きは z 軸に沿って z の増える向きで，電場の大きさ $|\vec{E}(z)|$ は

$$|\vec{E}(z)| = \frac{\sigma}{2\varepsilon_0}\left(1 - \frac{z}{\sqrt{z^2 + R^2}}\right)$$

である。   ◇

3.4 等電位面と導体の電位

3.4.1 等 電 位 面

3次元空間での電位 $V(x, y, z)$ において，$V(x, y, z) =$ 一定となる点 (x, y, z) の集まりは，一般に曲面を形成する。この曲面，すなわち，その面上では電位が等しい曲面を等電位面と呼ぶ。当然のことであるが，電荷 q が等電位面上を移動しても電荷の位置エネルギーに変化はない。

3.1.2項で電位を計算した一様な電場 $\vec{E}$ における等電位面は，**図 3.10**（a）に示すように平面となる。また，3.2.1項で示した一つの点電荷における等電位面は，図（b）に示すように電荷を中心とした球面となる。これは

$$V(r) = \frac{1}{4\pi\varepsilon_0}\frac{q}{r} = 一定 \tag{3.42}$$

としたとき，$r = \sqrt{x^2 + y^2 + z^2}$ から，式 (3.42) は q を中心とした球表面の方程式になることにより明らかである。

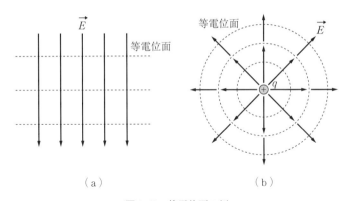

（a）   （b）

図3.10 等電位面の例

3.4.2 導体の電位

2.2.3項で説明したように，導体内部に電場 $\vec{E}$ は存在しない。したがって，導体内部で式（3.4）は

$$V_f - V_i = -\int_i^f \vec{E} \cdot d\vec{s} = 0 \tag{3.43}$$

となる。すなわち $V_f = V_i$ であり，導体内部の電位は同じ（等電位）である。また，導体表面の電場 $\vec{E}$ は導体表面に垂直である。したがって，導体表面に沿った $d\vec{s}$ に対して $\vec{E} \cdot d\vec{s} = 0$ なので，導体表面も等電位である。よって，導体の電位はその内部と表面のすべてについて同じ（等電位）である。

導体を含む系の電位計算の例として，**図3.11**（a）に示すように半径 R の導体球に電荷 Q（$Q>0$）を与えた場合を考えてみよう。すでに説明したように電荷は導体表面分布し，しかも球体であるため，対称性から導体表面に一様な密度で分布する（導体表面のいずれの点も同等であるため，どこかに電荷分布が集中するような不均一なことは生じない）。

ガウス面を導体と同心球として，動径方向の軸 r をとると

① 導体球の外側

ガウス面上のすべての点で電場 $\vec{E}$ は，ガウス面に垂直であり，大きさ $|\vec{E}|$ も等しい。したがって，ガウスの法則の左辺は2.1.3項の式（2.7）〜（2.9）の

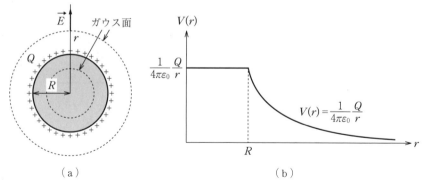

図 3.11 導体球の電位

議論とまったく同じになる。ガウスの法則の右辺は $q_{enc}/\varepsilon_0 = Q/\varepsilon_0$ となり，すなわち，導体の外では，点電荷 Q が原点にあるのと同じ

$$\left|\vec{E}(r)\right| = \frac{Q}{4\pi\varepsilon_0 r^2} \quad (r \geqq R) \tag{3.44}$$

となる。したがって，無限遠点を基準とした電位も 3.2.1 項と同じ計算になり

$$V(r) = \frac{1}{4\pi\varepsilon_0}\frac{Q}{r} \quad (r \geqq R) \tag{3.45}$$

と計算される。

② 導体球の内側 $r < R$

導体球の内側では，すでに説明したように

$$\left|\vec{E}(r)\right| = 0 \quad (r < R) \tag{3.46}$$

である。したがって，導体球内の電位は導体表面と同じになる（電位差は 0 である）。導体表面の電位は，式 (3.45) で $r = R$ の値となるから，導体球内の電位はすべて

$$V(R) = \frac{1}{4\pi\varepsilon_0}\frac{Q}{R} \quad (r < R) \tag{3.47}$$

となる。これより，電位 $V(r)$ は，図 3.11 (b) となる。

導体内部には電荷も電場もないので，図 3.12 に示すように，導体の内部を取り去って空洞にしてもなんら電場や電荷の分布に影響をおよぼさない。した

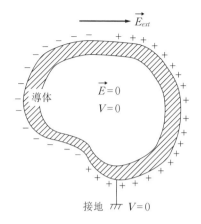

$\vec{E}_{ext}$

導体

$\vec{E}=0$
$V=0$

接地　$V=0$

図 3.12　静電遮へい

がって，内部の空洞に電場は生ぜず，電位も周囲と同じとなる。そして，導体を接地することにより，内部空洞（空間）の電位を大地と同じにすることができる。大地は安定した電位基準と見ることができるので（このため，大地を基準として $V=0$ とする），これより，導体内部の空間の電場と電位を 0 とすることができる。このように，周囲を導体で囲み，外部電場の影響を遮へいし，電位を固定する構造を静電遮へい（electrostatic shielding）と呼ぶ。

　車や電車，鉄筋の入った建物の中では，電波が入りにくいことがある。これは静電遮へいによる現象である（後述するように，電波の発生には，電場が関係している）。高精度な電子機器を用いた測定などでは，電子機器を金属性の箱に入れることで，外部の電波や電場の影響を無くすことができる。これは，静電遮へいを利用した技術である。

演　習　問　題

【3.1】
　問図 3.1 に示すように，線分 l 上に一様な線密度 ρ で電荷が分布している。点 P における電位 V を l_1，l_2，a を用いて表せ。

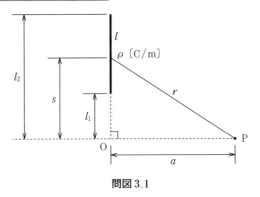

問図 3.1

【3.2】

演習問題 2.1 について，**問図 3.2** のとおり円柱に垂直な平面内に，円柱の中心から距離 d の点 O と距離 r の点 P がある（両点とも円柱の外部にある）。このとき，点 O を基準とした点 P の電位 V を求めよ。

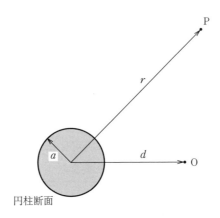

円柱断面

問図 3.2

【3.3】

例題 2.2 における (1) $r \leqq a$, (2) $a < r < b$, (3) $b \leqq r \leqq c$, (4) $c < r$ の電位 $V(r)$ を求め，図示せよ。ただし，$r = \infty$ の電位は $V(\infty) = 0$ とする。

【3.4】

半径 a の導体球に電荷 Q を与え，この導体球の中心 O から r $(r>a)$ だけ離れた点に点電荷 q を置く。導体球の無限遠に対する電位 V を求めよ。

【3.5】

遠く離れた二つの導体球（半径をそれぞれ r_1 と r_2 とする）に電荷を与え，細い導線で結んだ。導体表面の電場の大きさを $|\vec{E_1}|$, $|\vec{E_2}|$ としたとき，$|\vec{E_1}|/|\vec{E_2}|$ を半径 r_1 と r_2 で示せ。なお，この結果を応用した機器の一つとして，「避雷針」がある。避雷針については，6.4 節で解説する。

静電容量とコンデンサ

　電池の＋の端子と－の端子をそれぞれ孤立した二つの金属と導線でつなぐと，両金属にはそれぞれ，正と負の電荷が現れる。そして，電池と導線を取り去っても電荷が両金属に残ったままになる。この現象を用いれば，電荷を金属に溜めておくことができる。この現象を利用したデバイスがコンデンサ（キャパシタとも呼ばれる）であり，コンデンサがどれだけ多くの電荷を蓄積できるかを示す物理量が静電容量である。

　本章では，前章までで学んだ電荷 Q，電場 $\vec{E}$，電位 V によってコンデンサを解析し，静電容量について学ぶ。

4.1　静　電　容　量

図 4.1（a）に示すように，孤立した導体に電荷 Q を与えてみよう（電荷 Q

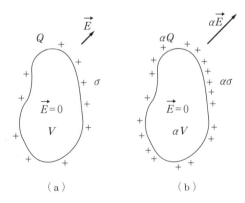

図 4.1　孤立導体に与えた電荷と電位の関係

で帯電した孤立導体を考えてみよう）。2.2.3項で説明したように，電荷は，導体内に電場が発生しないように導体表面に分布する。すなわち，導体表面の電荷密度 σ〔C/m^2〕は，導体表面の各点 (x, y, z) での関数 $\sigma(x, y, z)$ となる。この電荷分布によって導体外部に発生する電場 $\vec{E}$ から，この導体の電位 V（無限遠点を基準とした電位）が決定する。

　ここで，導体に与える電荷を α 倍（αQ）にしてみよう（図 4.1（b））。この場合，電荷密度は単純に $\alpha\sigma(x, y, z)$ になるように分布することで導体内の電場を 0 にすることができる。したがって，導体外部の電場 $\vec{E}$ は，電荷 Q を与えたときの α 倍の $\alpha\vec{E}$ となり，電位は αV となる。すなわち，孤立した導体に与える電荷 Q と電位 V の間には，比例関係

$$Q = CV \tag{4.1}$$

が成り立つことがわかる。比例定数 C は孤立導体の大きさや形状によって決まる値であり，孤立導体の静電容量（electrostatic capacity）[†]と呼ばれる。静電容量の単位は，〔C/V〕であり，これをあらためて〔F〕と表記し，ファラド（またはファラッド）と読む。

　つぎに，**図 4.2** に示すように，二つの孤立導体（同じ形状でなくてよい）のそれぞれに ±Q の電荷を与えることを考えてみよう。ここで，孤立導体の電位（無限遠点を基準とした電位）をそれぞれ，V^+，V^- とし，両者の電位差を V

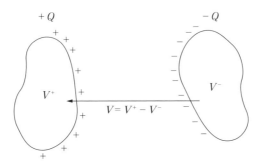

図 4.2　正負の電荷を与えた二つの孤立導体

---

†　キャパシタンス（capacitance）とも呼ばれる。

とする（$V = V^+ - V^-$）。

この場合でも，前述した図4.1の議論と同様に，与える電荷をα倍した$\pm \alpha Q$とすると，それぞれの電位もαV^+，αV^-となるので，電位差もαVとなる。したがって，二つの孤立導体に$\pm Q$の電荷を与えた場合，電荷Qと電位差Vの間にも，比例関係

$$Q = CV \tag{4.2}$$

が成り立つことがわかる。この比例定数Cは，今度は二つの孤立導体の大きさや形状によって決まる値であり，2導体間の静電容量である。

4.2　コ ン デ ン サ

さて，前節で述べた二つの孤立導体に導線を介して電圧Vの電池を接続することを考えよう（**図4.3**（a））。ここで，「電圧Vの電池」は，その両端の電位差がVであり，＋の端子からは正電荷を，－の端子からは負電荷を供給できるデバイス（素子）としてモデル化することができる[1]。また，「導線」は，電荷がそれに沿って自由に移動できるデバイスとしてモデル化することができる。

3章で説明したように，導体の内部と表面はすべて同電位となる。したがって，電池をつないだ瞬間，電池の正/負の端子に接続された導線と導体の電位は，それぞれが電池の正/負の端子と同電位になる。そして，$\pm Q$の電荷が導体表面に現れ，その後電池を外しても$\pm Q$の電荷は導体に残ったままとなり，電荷を蓄積することができる（図（b））。

このように，電荷を蓄積することを目的として構成された二つの孤立導体をコンデンサ（condenser）と呼ぶ[2]。なお，図（a）のように，コンデンサに電

---

[1]　正確には，－の端子からは負電荷（電子）が供給され，＋の端子は－の端子から出た負電荷を吸収する。負電荷を吸収するということは，正電荷を供給するとみなすことができる。

[2]　キャパシタ（capacitor）とも呼ばれる。

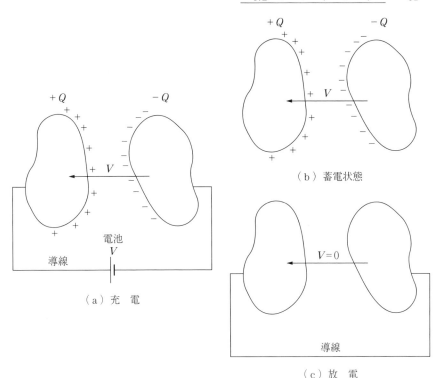

（a）充　電

（b）蓄電状態

（c）放　電

図 4.3　コンデンサとその充電・蓄電・放電

池（電源）をつないで電荷を溜めることを充電と呼ぶ。そして，電池を外して，コンデンサに電荷が溜まった状態が蓄電状態である。さらに，両導体を導線でつなぐこと（図（c））により，二つの導体の電位差はなくなり（$V=0$），両導体表面に発生していた電荷は消滅する。このように，蓄電されていた電荷を消滅させることを放電と呼ぶ。

　コンデンサは，電気回路学でも最初に学ぶ，最も重要で基本的な素子の一つである。そして，日常のさまざまな電気・電子機器に用いられている。**図 4.4**に電気・電子機器に用いられているコンデンサの一例を示す。さまざまな形状のコンデンサがあるが，図（a）はどれも約 1 cm 程度の大きさで，2 本の細い金属配線が付いており，これらが図 4.3 に示す導線に対応している。また，図（b）に示すコンデンサは，チップコンデンサと呼ばれる小型コンデンサであ

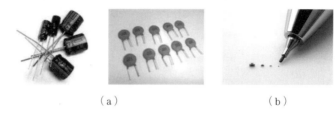

（a）　　　　　　　　　　　　　　（b）

図4.4　電気・電子機器に用いられるコンデンサ

り，近年の携帯情報端末などの小型化に伴い急速に普及している。小型であるため細い金属配線はなく，電極端子が付いているのみである。さらにコンデンサは，上述のような単体部品だけでなく，さまざまな機器の中に集積化され利用されている。本書では6章にて，その例として，電子通信機器や携帯端末に広く利用されている「タッチパネル」（6.5節）と「メモリ集積回路」（6.6節），および，「加速度センサ」（6.7節）について解説する。

　式 (4.2) からわかるように，同じ電圧 V の電池を接続しても，コンデンサの静電容量 C が大きければ，それだけ多くの電荷 Q を蓄えることができる。静電容量 C は二つの孤立導体の大きさや形状により決まる定数であり，次節では，この静電容量の具体的な計算例を説明する。

4.3　コンデンサの静電容量の計算

静電容量 C は，以下の手順によって求めることができる。

① コンデンサを構成する二つの孤立導体に ±Q の電荷を与えたと仮定する。

② ① より，両導体間の電場を電場 $\vec{E}$ を計算する。

③ ② の電場 $\vec{E}$ から両導体間の電位差 V を計算し，静電容量 $C = Q/V$ を求める。

4.3.1　平行平板コンデンサの静電容量

図4.5（a）に示すように，2枚の平板導体を平行に対向させたコンデンサを平行平板コンデンサと呼ぶ。このコンデンサの静電容量 C を求めてみよう。

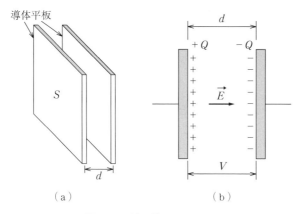

（a）　　　　　　　　　　　　（b）

図 4.5　平行平板コンデンサ

平板の面積を S とし，両平板の対向面の距離を d とする。

　まず，先述した手順 ① に従い，2 枚の平板導体にそれぞれ $\pm Q$ の電荷を与える（図 4.5（b））。つぎに，手順 ② に従い電場 $\vec{E}$ を求めるが，平板の厚さは薄く，また，両平板は十分接近している（$S \gg d$）とすれば，2.2.5 項で電場 $\vec{E}$ は計算済みであり，式 (2.31) より

$$\left| \vec{E} \right| = \frac{\sigma}{\varepsilon_0} = \frac{Q}{\varepsilon_0 S} \tag{4.3}$$

となる。最後に手順 ③ に従い，この電場 $\vec{E}$ から両平板間の電位差 V を求める。電場 $\vec{E}$ は，両平板が十分接近していることから 2.2.2 項の結果より一様である。したがって，3.1.3 項（図 3.3）の結果から

$$V = \left| \vec{E} \right| d = \frac{Qd}{\varepsilon_0 S} \tag{4.4}$$

と計算できる。これより，平行平板コンデンサの静電容量 C は

$$C = \frac{Q}{V} = \frac{\varepsilon_0 S}{d} \ \text{〔F〕} \tag{4.5}$$

と求められる。この結果から明らかなように，平行平板コンデンサの静電容量 C は，平板面積 S に比例し，平板間隔 d に反比例する（平板面積 S が大きく，平板間隔 d が小さいほど，多くの電荷が溜められる）ことがわかる。

　なお，図 4.5 では平板を方形としたが，方形でなくとも，電荷面密度が周辺

以外のすべての領域で一様（Q/S）となる平板（楕円形など）であれば、その静電容量は式（4.5）で与えられることは、これまでの議論から理解できよう（式（4.5）の導出に方形であることの条件はなにも現れていない）。

4.3.2 　球殻コンデンサの静電容量

大きな球殻の中に小さな球殻を含むコンデンサ（球殻コンデンサ）の静電容量を求めてみよう。**図4.6**は、この球殻コンデンサの断面図である。内側の球殻の外球面の半径を a、外側の球殻の内球面の半径を b とする（$b>a$）。

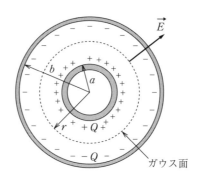

図4.6　球殻コンデンサ

内側の球殻と外側の球殻に、図4.6に示すように $\pm Q$ の電荷を与える。電場 $\vec{E}$ は、対称性により、小さな球殻の表面に垂直で、大きな球殻に向かって放射状に発生する。

ガウス面を球殻と同心の半径 r の球面とする（$b \geqq r \geqq a$）。ガウスの法則を適用すれば、式（2.5）について

$$\oint_A \vec{E} \cdot d\vec{A} = |\vec{E}| \oint_A d\vec{A} = |\vec{E}| 4\pi r^2 \tag{4.6}$$

$$\frac{q_{enc}}{\varepsilon_0} = \frac{Q}{\varepsilon_0} \tag{4.7}$$

となる。よって

$$|\vec{E}| = Q / 4\pi\varepsilon_0 r^2 \tag{4.8}$$

である。したがって，両球殻間の電位差 V は

$$V = -\int_b^a \vec{E} \cdot dr = -\int_b^a -\left|\vec{E}\right|\left|dr\right| = -\int_b^a \left|\vec{E}\right|dr = -\int_b^a \frac{Q}{4\pi\varepsilon_0 r^2}\,dr$$

$$= -\frac{Q}{4\pi\varepsilon_0}\int_b^a \frac{1}{r^2}dr = \frac{Q}{4\pi\varepsilon_0}\left[\frac{1}{r}\right]_b^a = \frac{Q}{4\pi\varepsilon_0}\left(\frac{1}{a}-\frac{1}{b}\right) \tag{4.9}$$

と求められる。したがって，静電容量 C は

$$C = \frac{Q}{V} = \frac{4\pi\varepsilon_0}{(1/a - 1/b)} = 4\pi\varepsilon_0\,\frac{ab}{b-a} \ \ \text{〔F〕} \tag{4.10}$$

である。これより，両球殻間の隙間が小さいほど，また，両球殻の半径が大きいほど静電容量は大きくなることがわかる。

4.3.3　平行導線コンデンサの静電容量

図 4.7（a）に示すように，半径 a の無限に長い直線導線が 2 本，平行に置かれている。導線は細く，両導線の中心間の距離 d は a に比べて十分大きいものとする（$d \gg a$）。このとき，両導線間の単位長さ当りの静電容量 C を求めてみよう。

手順どおり，はじめに，両導線にそれぞれ単位長さ当り $\pm q$〔C/m〕の電荷を与えたとする。ここで，正負の電荷がたがいに引き合うので，電荷は，導線の断面図 4.7（b）で見ると，導線の向かい合う側にたくさん集まることになる。しかし，ここでは，導線は細く，$d \gg a$ であることから，断面図（c）のように導線表面に一様に分布するものと近似する。

この仮定で図（a）に示す電場 $\vec{E}$（二つの帯電導線がつくるトータルな電場）を求めるには，一方の導線に 2.2.1 項の図 2.4 と同様な円筒ガウス面をとるだけでよいと考えられる（図（c）では，$+q$ に帯電した導線にガウス面をとっている）。しかしこの場合，もちろんガウスの法則は成り立つが，簡単に解くことができない。なぜならば，図（c）に示すように，$+q$ に帯電した導線による電場は，ガウス面上で対称であるが，$-q$ で帯電した導線による電場は，このガウス面上では対称ではない。したがって，このガウス面上のトータルな

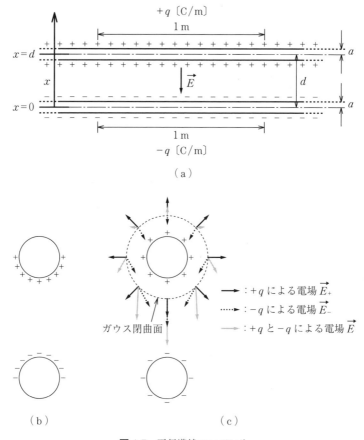

図 4.7 平行導線コンデンサ

電場は対称でないので，式 (2.16) にて示した「$|\vec{E}|$ を積分の外に出す」ことができなくなる。

　このため，この問題を解くためには，1.2.1 項で述べた重ね合わせの原理を用いる。つまり，$+q$ に帯電した導線だけがつくる電場 $\vec{E}_+$ を求め，これと，$-q$ で帯電した導線だけがつくる電場 $\vec{E}_-$ を加えた電場がトータルな電場 $\vec{E}$ となる。電場 $\vec{E}_+$ と電場 $\vec{E}_-$ は，それぞれ，2.2.1 項の図 2.4 と同様な円筒ガウス面をとるだけで求めることができ，方向も向きも同じである（両導線に垂直で，$+q$ から $-q$ に向かう向きである）。

はじめに，図 4.7（a）に示すように，$-q$ に帯電した導線の中心を原点（$x=0$）として，$+q$ の導線に向かう軸を x 軸とする。これより，$+q$ に帯電した導線の中心は $x=d$ となる。2.2.1 項から，$-q$ に帯電した導線による電場は

$$\left|\vec{E}_-\right| = \frac{q}{2\pi\varepsilon_0 x} \tag{4.11}$$

である。一方，$+q$ に帯電した導線による電場は，$-q$ に帯電した導線の中心を原点にしていることから

$$\left|\vec{E}_+\right| = \frac{q}{2\pi\varepsilon_0(d-x)} \tag{4.12}$$

である。したがって，両方の帯電導線が作る電場は

$$\left|\vec{E}\right| = \left|\vec{E}_+\right| + \left|\vec{E}_-\right| = \frac{q}{2\pi\varepsilon_0 x} + \frac{q}{2\pi\varepsilon_0(d-x)} \tag{4.13}$$

となる。よって，両導線間の電位差 V は $\vec{E}$ と積分の向き $\vec{dx}$ が逆であることを考慮して

$$
\begin{aligned}
V &= -\int_a^{d-a}\left[-\left\{\frac{q}{2\pi\varepsilon_0 x} + \frac{q}{2\pi\varepsilon_0(d-x)}\right\}\right]dx \\
&= \int_a^{d-a}\left\{\frac{q}{2\pi\varepsilon_0 x} + \frac{q}{2\pi\varepsilon_0(d-x)}\right\}dx \\
&= \frac{q}{2\pi\varepsilon_0}\int_a^{d-a}\left(\frac{1}{x} + \frac{1}{d-x}\right)dx = \frac{q}{2\pi\varepsilon_0}\Big[\ln x - \ln(d-x)\Big]_a^{d-a} \\
&= \frac{q}{2\pi\varepsilon_0}2\big\{\ln(d-a) - \ln a\big\} = \frac{q}{\pi\varepsilon_0}\ln\frac{d-a}{a} \tag{4.14}
\end{aligned}
$$

と計算される。これより，単位長さ当りの静電容量 C は

$$C = \frac{q}{V} = \frac{\pi\varepsilon_0}{\ln\dfrac{d-a}{a}} \ \ (\mathrm{F/m}) \tag{4.15}$$

と求められる。

4.4　複数コンデンサの接続

コンデンサの回路記号を**図4.8**に示す。図のaとbがコンデンサの電極に接続される端子であり，特殊なコンデンサを除いてaとbのどちら側に正負の電荷を蓄積するかは決まっていない（極性はない）[†]。

a————| |————b　　**図4.8**　コンデンサの回路記号

以下，二つのコンデンサを並列に接続した場合と直列に接続した場合の合成静電容量（二つのコンデンサを一つのコンデンサとみなしたときの静電容量）を求めてみる。これらの結果を適用することで，複数個のコンデンサが接続された場合の合成静電容量も計算することができる。

4.4.1　コンデンサの並列接続

静電容量が C_1 と C_2 のコンデンサを**図4.9**（a）のように並列接続した場合，この二つのコンデンサをまとめて，合成静電容量 C のコンデンサ（図（b））として扱うことができる。この合成静電容量 C が C_1 と C_2 を用いて，どのように表されるか考えてみよう。

合成静電容量 C のコンデンサに電荷 $\pm q$ を与えたとき，C_1 には $\pm q_1$，C_2 に

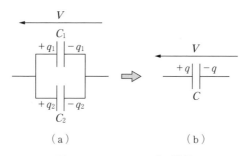

（a）　　　　　　　　　（b）

図4.9　コンデンサの並列接続

[†]　電解コンデンサなど，電極間に挿入する材料によっては極性がある。

は $\pm q_2$ が蓄積されたとすると

$$q = q_1 + q_2 \tag{4.16}$$

となる。電荷を与えることで，コンデンサの両極間には電位差 V が発生するが，並列接続であるため，コンデンサ C_1 と C_2 の両電極間の電位差はどちらも V であり，したがって

$$q_1 = C_1 V \quad \Rightarrow \quad \frac{q_1}{V} = C_1$$

$$q_2 = C_2 V \quad \Rightarrow \quad \frac{q_2}{V} = C_2 \tag{4.17}$$

である。これより，合成静電容量は

$$C = \frac{q}{V} = \frac{(q_1 + q_2)}{V} = \frac{q_1}{V} + \frac{q_2}{V} = C_1 + C_2 \tag{4.18}$$

となり，合成静電容量は，二つの静電容量の和となることがわかる。

4.4.2 コンデンサの直列接続

静電容量が C_1 と C_2 のコンデンサを**図 4.10**（a）のように直列接続した場合の合成静電容量 C（図（b））を，並列接続の場合と同様に求めてみよう。電荷 $\pm q$ を合成容量 C に与えた場合，C_1 と C_2 外側にそれぞれ $+q$ と $-q$ の電荷が現れ，内側の電極にはその逆符号の電荷が発生する。内側の電極どうしは導線で接続されているため，一つの導体であり電位は等しくなる。コンデンサ C_1 と C_2 の両電極間に発生する電位差をそれぞれ V_1，V_2 とすれば，直列接続

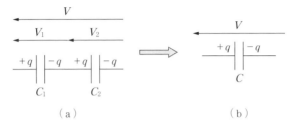

（a）　　　　　　　　　　　　　（b）

図 4.10 コンデンサの直列接続

であるため

$$V = V_1 + V_2 \tag{4.19}$$

が成り立つ。また

$$q = C_1 V_1 \quad \Rightarrow \quad \frac{q}{C_1} = V_1$$
$$q = C_2 V_2 \quad \Rightarrow \quad \frac{q}{C_2} = V_2 \tag{4.20}$$

である。これより，合成静電容量は

$$C = \frac{q}{V} = \frac{q}{\dfrac{q}{C_1} + \dfrac{q}{C_2}} = \frac{1}{\dfrac{1}{C_1} + \dfrac{1}{C_2}} = \frac{C_1 C_2}{C_1 + C_2} \tag{4.21}$$

と求めることができる。さらに，上式は

$$\frac{1}{C} = \frac{1}{C_1} + \frac{1}{C_2} \tag{4.22}$$

と変形することができ，これより，合成静電容量の逆数は，各静電容量の逆数の和となることがわかる。

4.5　コンデンサに蓄えられるエネルギー

図 4.11 に示すように，電荷 $\pm q$ を蓄えた静電容量 C のコンデンサを抵抗値 R の抵抗器と導線で接続した回路を考えてみよう。抵抗器については次章で詳しく説明するが，ここでは，電荷の移動（電流）による運動エネルギーを熱エネルギーに変える素子（デバイス）であると考えてよい。

コンデンサは，はじめ $\pm q$ の電荷を蓄えていたので，両電極間に $V = q/C$

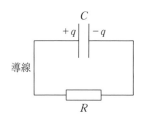

図 4.11　コンデンサと抵抗器による回路

の電位差が発生している。そして，図 4.11 に示すように導線を介して抵抗器を接続した場合，電極，導線，そして抵抗器はすべて導体であるから，これらを接続したすべては同電位にならなければならない。このため，蓄えられていた $\pm q$ の電荷は導線と抵抗器を介して移動し，コンデンサに蓄えられていた電荷は消失し，すべてが同電位となる（$\pm q = 0$ で $V = 0$ となる）。そしてこの過程で抵抗器の中を電荷が移動するため，抵抗器からは熱（次章で説明するジュール熱）が放出される。

抵抗器からの発熱は，コンデンサに蓄えられていた電荷の位置エネルギーが電荷の移動のための運動エネルギーに変わり，さらに抵抗器の中を電荷が移動することで，運動エネルギーが熱エネルギーに替わることで生ずる。ここでは，コンデンサに蓄えられているエネルギーを計算してみよう。

図 4.12（a）は，電荷のない放電済みのコンデンサであり，電極間に電場も発生していない。この初期状態からはじめて，一方の電極（右側の電極）の電荷 dq'（>0）を少しずつ，左側の電極に移動することを考えてみよう。電荷を移動するにつれて（図（b）），左右の電極には $\pm q'$ の電荷が溜まり，これによって，電極間に電場 $\vec{E}'$ が発生する。このため，電荷 dq' を移動するためには，$\vec{F}' = -\vec{E}'dq'$ の力が必要となり，この力によってなされた仕事の総和がコンデンサに蓄えられたエネルギーとなる。すなわち，コンデンサに溜まった電荷が $\pm q'$ である状態から $\pm(q'+dq')$ にするための仕事 dW は，$d\vec{s}$ を右の電極

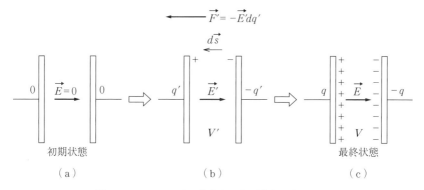

図 4.12 コンデンサに蓄えられた電荷とエネルギー

から左の電極に向かう経路の一部とすれば，この経路についての積分

$$dW = \int \vec{F} \cdot d\vec{s} = \int -(\vec{E} dq') \cdot d\vec{s} \tag{4.23}$$

となる。ここで

$$V' = \int -\vec{E'} \cdot d\vec{s} \tag{4.24}$$

であるから

$$dW = V' dq' = \frac{q'}{C} dq' \tag{4.25}$$

と計算することができる。したがって，コンデンサに電荷 $\pm q$ を蓄えるために行った仕事 W（図 4.12（c）までに行った仕事），すなわち，コンデンサに蓄積されたエネルギー U（$= W$）は

$$U = W = \int dW = \frac{1}{C} \int_0^q q' dq' = \frac{q^2}{2C} \tag{4.26}$$

であり，$q = CV$ から

$$U = \frac{q^2}{2C} = \frac{1}{2} CV^2 \tag{4.27}$$

と求めることができる。

　コンデンサに蓄えられるエネルギーを利用した機器にはさまざまなものがある。その一つが，最近は公共施設などでも設置が進んでいる医療装置の「AED（自動体外式除細動器）」である（6.8節）。

4.6　誘電体とコンデンサ

4.6.1　誘電体と誘電分極

　図 4.13（a）に示すように，導体に外部から電場 $\vec{E}_{ex}$ を与えると，静電誘導（2.2.3項）により導体内部の電荷が移動して，電荷が表面に表れる。そして，この移動した電荷による電場 $\vec{E}_{in}$ と電場 $\vec{E}_{ex}$ が打ち消し合い，導体内部の電場 $\vec{E}$ は 0 になる（導体内部の電場 $\vec{E}$ が 0 になるよう正電荷と負電荷が導体表面に分布する）。この電荷を，以下に説明する誘電体に生ずる電荷と区別するた

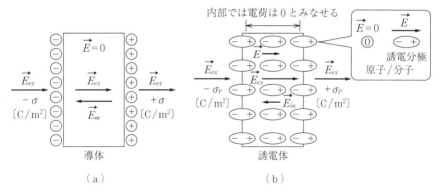

図 4.13　誘電体と誘電分極

め真電荷（true charge）と呼ぶ。

　実際の導体（銅や銀など）では，負電荷である電子が金属中を自由に動きまわることができる。そして，この電子が金属表面に移動することで金属内部の電場が0となる（電場が0となるように，金属表面に電子の密度差が発生する）。

　一方，電流が流れない物資，例えばガラスやプラスティックなどは電子が自由に移動できない。これらの物質は絶縁体（insulator），または誘電体（dielectrics）と呼ばれる（電磁気学では，誘電体と呼ぶ場合が多く，本書でも誘電体と呼ぶ）。

　誘電体に外部から電場 $\vec{E}_{ex}$ を与えることを考えてみよう（図 4.13（b））。誘電体を構成する原子や分子は，その内部に等量の正電荷と負電荷を持っているので，外部電場を与えない場合は，電荷量0の粒子である。これに外部から電場を与えると，原子や分子の内部で正電荷と負電荷の位置にずれが生じ，ちょうど，3.3.1項（図3.6）で示した電気双極子のような構造となる。この原理で発生した電荷を先述した真電荷と区別して分極電荷（polarization charge）と呼び，この現象を誘電分極（dielectric polarization），あるいは分極（polarization）と呼ぶ。誘電分極の向きは，負電荷から正電荷の向きであり，外部電場 $\vec{E}_{ex}$ と同じ向きとなる。そして，この誘電分極を起こした原子や分子が，図に示すように，その向きをそろえて整列した状態になる。これより，誘

電体内部の隣り合った原子や分子の正電荷と負電荷は，誘電体の外部から見れば0となり，その表面に表れた正電荷と負電荷が正味の電荷となる。そして，この表面電荷によって誘電体内部に電場 $\vec{E}_{in}$ が発生するが，$|\vec{E}_{ex}| > |\vec{E}_{in}|$ であり，よって誘電体内部には $\vec{E} = \vec{E}_{ex} + \vec{E}_{in}$ が残ることになる。その大きさは，真電荷の表面密度を σ，分極電荷の表面密度 σ_{P} とすると $|\vec{E}_{ex}| = \sigma / \varepsilon_0$ であり，$|\vec{E}_{in}| = \sigma_{\mathrm{P}} / \varepsilon_0$ であることから絶縁体内部の電場の大きさは

$$|\vec{E}| = |\vec{E}_{ex}| - |\vec{E}_{in}| = \frac{\sigma - \sigma_{\mathrm{P}}}{\varepsilon_0} \tag{4.28}$$

である。

4.6.2　誘電体を用いたコンデンサ

図 4.5 に示す平行平板コンデンサは，真空中に置かれていることを前提とした。ここで，**図 4.14** に示すように，平行平板コンデンサの両極板の間を誘電体で満たした場合を考えてみよう（図では，コンデンサ極板と絶縁体の間に隙間が描かれているが，実際は両者は密着している）。

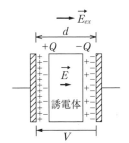

図 4.14　誘電体を用いた平行平板コンデンサ

いま，平行平板の両電極板には図 4.5 と同様に $\pm Q$ の電荷を与える（電荷は与えられているが，電池は接続されていない）。すると，この $\pm Q$ による電場が発生し，これはちょうど，前項で説明した誘電体の外部電場 $\vec{E}_{ex}$ に相当する。したがって，この外部電場 $\vec{E}_{ex}$ により誘電体に誘電分極が生じ，誘電体内には電場 $\vec{E} = \vec{E}_{ex} + \vec{E}_{in}$ が発生する。そして，この誘電体内の電場 $\vec{E} = \vec{E}_{ex} + \vec{E}_{in}$ は，図 4.5（ b ）に示す電場 $\vec{E}$（図 4.15 における $\vec{E}_{ex}$）よりも小さくなる。

そこで，この誘電体中の電場 $\vec{E}$ を $\vec{E}_{ex}$ に対して $\vec{E} = \vec{E}_{ex}/\varepsilon_r$ $(\varepsilon_r > 0)$ と表す。定数 ε_r (>0) は絶縁体の比誘電率（relative permittivity，または dielectric constant）† と呼ばれ，物質ごとに異なる物性値である。ここで，両極版間の電位差 V' は式 (4.4) から，誘電体がないときの極板間の電位差を V として

$$V' = \left(\frac{|\vec{E}_{ex}|}{\varepsilon_r}\right)d = \frac{1}{\varepsilon_r}V \tag{4.29}$$

と計算できる。したがって，誘電体がある場合の静電容量 C'（電荷 Q と V' の関係）は

$$C' = \frac{Q}{V'} = \varepsilon_r \frac{Q}{V} = \varepsilon_r C \tag{4.30}$$

である。これより，比誘電率 ε_r の誘電体でコンデンサ電極間を満たすことにより，静電容量を ε_r 倍にできることがわかる。比誘電率の例を**表 4.1** に示す。

　なお，比誘電率の高い物質を使うことで，コンデンサの容量を増やすことができるだけでなく，「圧電素子（ピエゾ素子）」を実現することができる（6.9節）。圧電素子は，スマートフォンのスピーカやバイブレータにも利用されている。

表 4.1　比誘電率の例

誘電体物質	比誘電率 ε_r
空気	1.000 59
ガラス	3.5〜7.5
マイカ（雲母）	5.4
シリコン	12
水	80.7
チタン酸ストロンチウム	310
チタン酸バリウム	〜5 000

---

† κ（ギリシャ文字の「カッパ」）と表すこともある。また，工学分野では k を用いることもある。

【例題 4.1】

図 4.15 に示すように，間隔 d の平行平板コンデンサがある。この平行平板の間に厚さ b の導体板を平行に挿入した場合と同じ厚さ b の誘電体（比誘電率 ε_r）を挿入した場合の静電容量の比を求めよ。

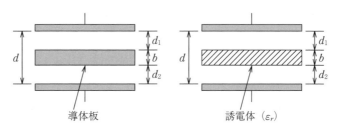

図 4.15

<解答>

平行平板上の電荷密度を σ とすると，導体板を挿入したときの空間 d_1 と d_2 の電場は $|\vec{E}| = \sigma/\varepsilon_0$ である。よって平行板間の電位 V は

$$V = \frac{\sigma}{\varepsilon_0}d_1 + \frac{\sigma}{\varepsilon_0}d_2 = \frac{\sigma}{\varepsilon_0}(d-b)$$

である。したがって，導体板を挿入したときの静電容量 C_1 は，平板の単位面積当り

$$C_1 = \frac{\sigma}{V} = \frac{\varepsilon_0}{d-b}$$

である。一方，誘電体を挿入したときの平行板の電位 V は，誘電体内（厚さ b）の電場が $|\vec{E}| = \sigma/\varepsilon_r\varepsilon_0$ であることから

$$V = \frac{\sigma}{\varepsilon_0}d_1 + \frac{\sigma}{\varepsilon_r\varepsilon_0}b + \frac{\sigma}{\varepsilon_0}d_2 = \frac{\sigma}{\varepsilon_0}(d-b) + \frac{\sigma}{\varepsilon_r\varepsilon_0}b = \frac{\sigma}{\varepsilon_0}\left\{d-b\left(1-\frac{1}{\varepsilon_r}\right)\right\}$$

ゆえに，誘電体を挿入したときの静電容量 C_2 は，平板の単位面積当り

$$C_2 = \frac{\sigma}{V} = \frac{\varepsilon_0}{d-b\left(1-\dfrac{1}{\varepsilon_r}\right)}$$

よって

$$\frac{C_1}{C_2} = \frac{d - b\left(1 - \dfrac{1}{\varepsilon_r}\right)}{d - b}$$

◇

演　習　問　題

【4.1】

　孤立導体の静電容量がそれぞれ C_a と C_b の導体がある（4.1 節参照）。静電容量 C_b の導体には電荷 Q $(Q>0)$ が与えられている。一方，静電容量 C_a の導体には電荷が与えられていない。両導体を**問図 4.1** のように起電力 V の電池を介して長い導線で接続したとき，両導体に分配される電荷 q_a, q_b を求めよ。

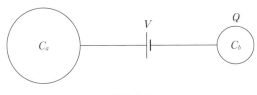

問図 4.1

【4.2】

　内部の円筒導体の外側の半径が a，外部の円筒導体の内側半径が b の無限長円筒導体がある（**問図 4.2**）。単位長さ当りの静電容量 C を求めよ。

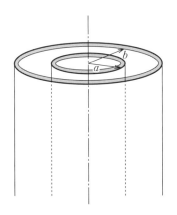

問図 4.2

【4.3】

　半径が同じ a である二つの導体球 A と B からなるコンデンサの静電容量 C を求めよ。ただし，二つの導体球の中心間の間隔 r は半径 a に比べて十分大きく（$r \gg a$），一方の導体球から見て，もう一方の導体球は点電荷とみなせるとしてよい。

【4.4】

　問図 4.3 に示すように，面積 S，間隔 d の平行平板コンデンサの電極間に，厚さ t で同じ面積 S の導体平板をコンデンサ電極に平行に挿入する。

(1) 導体平板を挿入後の静電容量 C を求めよ（4.4 節で学んだ複数コンデンサの接続を用いて解け）。

(2) 導体平板挿入前と挿入後の静電容量の変化 ΔC を求めよ。

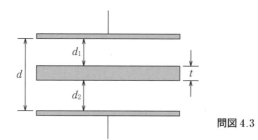

問図 4.3

【4.5】

　問図 4.4（a）と（b）に示す静電容量が C_1, C_2, C_3, C_4 のコンデンサからなる回路の合成静電容量 C（A と B の間の静電容量）を求めよ。

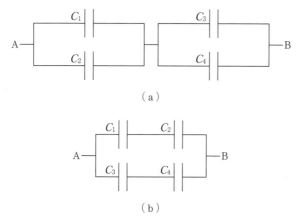

（a）

（b）

問図 4.4

電　流　と　抵　抗

　前章までは，静止している電荷を対象とした現象を説明してきた[†]。本章では，導体中を電荷が移動している（流れている）状態について議論する。この電荷の流れを電流と呼ぶ。電流を流すことのできる物質が導体であるが，実際の導体には，電流の流れにくさに違いがある。この「電流の流れにくさ」が抵抗である。

　「電気回路学」では，電流と抵抗はその出発点となる基本概念であり，巨視的な量として最初に定義される。一方，「電磁気学」では，微視的な量である電流密度，抵抗率を導入し，これを巨視的な量である電流，抵抗と結び付ける（電流と抵抗をミクロ的な視野でとらえ，その現象を取り扱う）。

5.1　電　　　　　流

5.1.1　正味の電荷の移動

　前章まで説明してきた導体であるが，実際には，銅や銀などの金属が導体に相等する。ここで，**図5.1**のように金属によって作成されたループ（輪）を考えてみよう。すでに1章で説明したように，物質は，正に帯電した原子核（正電荷）と負電荷である電子から成り立っており，原子核（正電荷）は動くことができない。一方，金属の場合，負電荷である電子の一部が自由に金属中を動くことができる。そして，この電子は局所的に不規則に動き回っている。このような不規則な動きをランダム運動と呼び，ランダム運動では，電子（負電荷）は移動しているが，移動量の平均値は0となる。したがって，この移動は

　[†]　導体に電荷を与えた際，電位が一定になるまでに電荷の移動が起こるが，このような過渡的な現象が終わった後の安定した状態を対象とした。

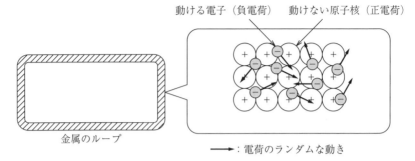

図5.1　導線内の電荷の動き

電荷の「流れ」として扱うことはできず，電流ではない。

　ここで，**図5.2**に示すように，図5.1の金属ループの途中に電池を接続して
みよう[†1]。4章で説明したように，電池（電源）は，その両端の電位差（電圧）
が V であり，＋の端子から正電荷を供給し，－の端子は正電荷を吸収する素
子（デバイス）である[†2]。すでに説明したように，金属（導体）は，その電位
が一定になるよう電荷が移動する。4.2節の図4.3（a）のようにコンデンサに
電池を接続した場合，瞬間的に金属内に電場 $\vec{E}$ が現れ，これによって電荷が
移動し，電荷が両金属導体の表面に現れる。そして，両導体間の電位差が V

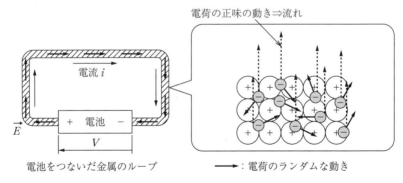

図5.2　電池をつないだ導線内の電荷の動き

---

†1　金属性ループには，後に説明する抵抗 R がある。
†2　実際は，－の端子からは電子（負電荷）が供給され，＋の端子は－の端子から出た
　　電子を吸収するデバイスであるが，このようにみなすほうがわかりやすく，一般的
　　である。

になれば，平衡状態となって電場 $\vec{E}$ も消える。

　図5.1の場合も，これに電池をつないで図5.2になった瞬間に金属導体（金属ループ）の中に電場 $\vec{E}$ が現れる。そして，この電場 $\vec{E}$ によって電子（負電荷）が移動するが，コンデンサとは異なり，電場 $\vec{E}$ は消えることはない。このため，負電荷が金属ループに沿って移動し続けることになる。この電荷の動きは図5.1とは異なり，正味の電荷の移動（移動量の平均が0ではない移動）となる運動である。このような運動をドリフト運動と呼ぶ。

　このドリフト運動により，正電荷（実際は負電荷である電子）は，金属ループに沿って定常的に一定の向きに流れ続けることになる。この電荷の流れが電流（electric current）i である。なお，電荷のランダム運動の速度は $10^6\,\mathrm{m/s}$ と非常に高速であるのに対して，ドリフト運動の速度は通常の銅などの金属で $10^{-5} \sim 10^{-4}\,\mathrm{m/s}$ 程度と低速である。電池をつないだ瞬間に電流が流れるので，ドリフト運動の速度も非常に高速であるように思われるが，電池をつないだ瞬間に金属ループ内全体に電場 $\vec{E}$ が発生し，これによってドリフト運動が一斉に起こるため，電流も瞬時流れるのであって，個々の電荷（電子）のドリフト速度は低速である。

5.1.2　電　流　密　度

　はじめに，電流を微視的に考えてみよう。**図5.3**に示すように，電場 $\vec{E}$ に沿って移動する正電荷（電流）に対して，垂直な微小面積 ΔA をとり，この微小断面を通過する電荷を Δq とすれば

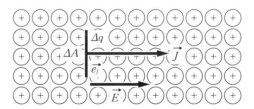

図5.3　電　流　密　度

$$q = \lim_{\Delta A' \to 0} \frac{\Delta q}{\Delta A} \tag{5.1}$$

は 1 点における単位面積当りの電荷の通過量である。したがって，短い時間 dt の間に dq の電荷が微小断面を通過したとすると，dq/dt は，1 点における単位面積，単位時間当りの正電荷の通過量である。これより，ΔA を通過する正電荷の向きの単位ベクトルを $\vec{e_j}$ として

$$\vec{J} = \frac{dq}{dt} \vec{e_j} \tag{5.2}$$

を電流密度（current density）と呼ぶ。電流密度 $\vec{J}$ の単位は〔$C/m^2 s$〕である。このように，電流密度は 1 点について定義される物理量である。

5.1.3　電流と電流密度

　電流密度は微視的なベクトル量であるが，これを用いて，巨視的なスカラ量である電流 i を導出する。図 5.4（a）に示すように，日常使う程度の太さの導線（例えば，直径 3 mm くらい）に電流が導線に沿って流れているとしよう。そして，この導線に対して，適当な断面を考える。断面は，導線に対して斜めでもかまわない（任意である）。この断面上に微小な面積素 dA をとり，その面積ベクトルを $d\vec{A}$ とする。ここで，この面積素における電流密度 $\vec{J}$ と面積ベクトル $d\vec{A}$ の内積 $\vec{J} \cdot d\vec{A}$ は図（a）に示すとおり

$$\vec{J} \cdot d\vec{A} = |\vec{J}|\cos\theta|d\vec{A}| \quad 〔C/s〕 \tag{5.3}$$

となる（$\vec{J}$ と $d\vec{A}$ のなす角を θ とする）。ここで $|\vec{J}|\cos\theta$ は，$\vec{J}$ のうち微小な面積素 dA を通過する正味の電流密度である（一方，$|\vec{J}|\sin\theta$ は微小な面積素 dA と平行であり，面積素を通過しない）。したがって，$|\vec{J}|\cos\theta$ に面積 $|d\vec{A}|$ を乗じた $|\vec{J}|\cos\theta|d\vec{A}|$ は，面積素を通過する電流である。よって，$\vec{J} \cdot d\vec{A}$ を断面全体について加え合わせた（積分した）

$$i = \int \vec{J} \cdot d\vec{A} \quad 〔C/s〕 \tag{5.4}$$

が導線を流れる電流である。なお，電流の単位〔C/s〕は，〔A〕とも表記し，アンペアと読む。したがって，電流密度の単位は〔A/m^2〕とも記載できる。

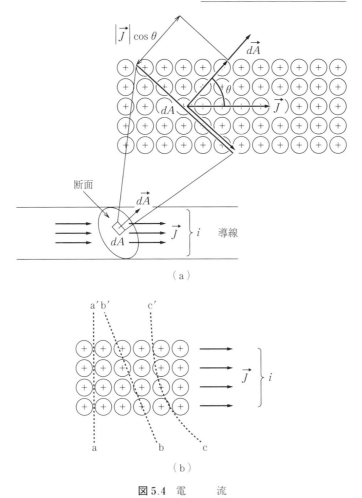

（a）

（b）

図 5.4　電　　　流

　移動している電荷が導線の途中で消えたり，また途中で増えたりすることは
ない。したがって，図 5.4（b）に示すように，導線の断面を a–a′, b–b′,
c–c′ など，どのようにとっても電流 i は同じ値となる。また，導線が途中で
太くなったり，細くなったりする場合でも電流 i は同じ値となる。

　また，式 (5.2), (5.4) より

$$i = \int \vec{J} \cdot d\vec{A} = \int \frac{dq}{dt} \vec{e}_j \cdot d\vec{A}_j \tag{5.5}$$

であり，この式中の $\int dq\vec{e}_j \cdot d\vec{A}_j$ は，導線のある断面を時間 dt の間に通過する正味の電荷量 dQ である。したがって，電流 i は，微小時間 dt の間に導線の断面を通過する正味の総電荷を dQ として

$$i = \frac{dQ}{dt} \tag{5.6}$$

と表すこともできる（「電気回路学」の電流は，式 (5.6) によって定義される）。

5.2 抵　　　抗

5.2.1 抵 抗 と 抵 抗 率

図 5.2 の電圧 V と電流 i の関係は

$$V = Ri \tag{5.7}$$

と表すことができ，R を抵抗（resistance）と呼ぶ[†]。その単位は，〔V/A〕であり，これをあらためて〔Ω〕と表し，オームと読む。抵抗 R は巨視的な量であり，導線などを構成する物質と形状によってその値が決まる。抵抗 R が大きいほど，同じ電位差（電圧）V の電池をつないでも，電流 i は小さくなる。

これに対し，図 5.3 に示す微視的な量である電流密度 $\vec{j}$ と電場 $\vec{E}$ の関係は

$$\vec{E} = \rho\vec{j} \tag{5.8}$$

と表すことができ，ρ を抵抗率（resistivity）と呼ぶ。その単位は，〔Ωm〕である。抵抗率は物質によって決まる値である。なお，抵抗率 ρ の逆数 $\sigma = 1/\rho$ を伝導率（conductivity）と呼ぶ。

抵抗率と導体の形状から抵抗 R を求める例を図 5.5 に示そう。抵抗率が ρ の導体でできた，断面積が A で長さが L の柱状導体（導線）がある（図 (a)）。これに，電流 i が，一方の側面から他方の側面に向けて流れている。図 (b) は，柱状導体の断面を示しており，電流密度 $\vec{j}$ は導体側面に垂直で一様と考えることができる。

[†] 「空気抵抗」や「粘性抵抗」など，物理学にはさまざまな抵抗がある。これらの抵抗と区別するときは「電気抵抗」と呼ぶ。

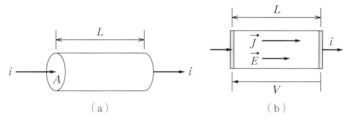

図 5.5 柱状導体の抵抗

電流密度 $\vec{J}$ は一様なので，式 (5.8) より $\vec{E}$ も一様である。
したがって

$$V = L\left|\vec{E}\right| \quad \Rightarrow \quad \left|\vec{E}\right| = \frac{V}{L} \tag{5.9}$$

である。一方，式 (5.4) から

$$i = \left|\vec{J}\right| A \quad \Rightarrow \quad \left|\vec{J}\right| = \frac{i}{A} \tag{5.10}$$

である。式 (5.8) 〜 (5.10) より

$$\frac{V}{L} = \rho\frac{i}{A} \quad \Rightarrow \quad V = \rho\frac{L}{A}i \tag{5.11}$$

であり，式 (5.11) と式 (5.7) と見比べて

$$R = \rho\frac{L}{A} \tag{5.12}$$

が求まる。これより，柱状導体（導線）の抵抗 R は，材質の抵抗率 ρ と導体の長さ L に比例し，側面積（断面積）A に反比例することがわかる。

【例題 5.1】

図 5.6 に示すように，半径 a の球が電流の源となり，球の表面から球の周囲の媒質に定常な電流 i を流し出している。周囲の媒質の抵抗率 ρ が一様であるとき，球の中心 O から距離 r $(r>a)$ にある点 P の電場 $\vec{E}(r)$ と点 P に対する球表面の電位 $V_\mathrm{p}(r)$ を求めよ。

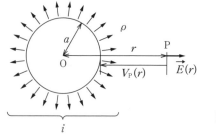

図 5.6

<解答>
　半径 r の球表面上の電流密度を $\vec{J}(r)$ とすると，$\vec{J}(r)$ は球表面に垂直でその大きさ $|\vec{J}(r)|$ は，全電流が i であることから

$$|\vec{J}(r)| = \frac{i}{4\pi r^2}$$

である。一方，式 (5.8) から $\vec{E}(r)$ は $\vec{J}(r)$ と同様に球表面に垂直であり，$|\vec{E}| = \rho|\vec{J}|$ であるから

$$|\vec{E}| = \frac{\rho i}{4\pi r^2}$$

である。さらに，点 P に対する球表面の電位 $V_P(r)$ は

$$V_P(r) = V(a) - V(r) = -\left(\int_r^a |\vec{E}| \, ds\right) = -\int_r^a \frac{\rho i}{4\pi s^2} \, ds = \left[\frac{\rho i}{4\pi s}\right]_r^a = \frac{\rho i}{4\pi}\left(\frac{1}{a} - \frac{1}{r}\right)$$

である。　　　　　　　　　　　　　　　　　　　　　　　　　　　　　　　　　　◇

5.2.2 抵　　抗　　器

　抵抗 R は，その値によって電流 i の値を調節できるので，電気回路や電子回路にとって重要な部品（素子）となる。この部品を抵抗器（resistor）[†] と呼び，**図 5.7** に示す記号（回路記号）で表す（現在では図（a）を用いるが，従来より長い間，図（b）を用いたため，現在でも図（b）を用いることもある）。

（a）　　　　　　　　　　（b）

図 5.7　抵抗器の記号

[†]　略して抵抗とも呼ばれる。

前項で説明したように抵抗 R は，物質と形状によって決まるため，さまざまな材質や形状の抵抗器が存在する。

5.2.3　抵抗とオームの法則

　一般的に電圧 V と電流 i の関係は，**図 5.8**（a）に示すように正比例（原点を通る直線）になること，すなわち，抵抗 R が一定値となることが知られている[†]。そして，この正比例関係はオームの法則（Ohm's law）と呼ばれる。法則と呼ばれているので，必ず成り立つように思われるが，電圧 V が非常に大きい場合などには成り立たなくなる。また，異なった半導体材料を接合して製造した電子部品（ダイオード）などは，この法則には従わず，図（b）に示す非線形性を示す。特に，電子回路などでは，この非線形性を利用することが多い。

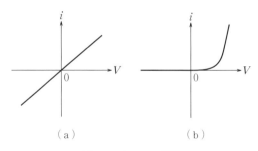

（a）　　　　　　　　　（b）

図 5.8　オームの法則

5.2.4　複数の抵抗器の接続

　抵抗器を**図 5.9**のように複数個つないだ場合の合成抵抗 R は，以下のように求められる。

直列接続（図（a））の場合：

　各抵抗器を流れる電流 i は等しく

[†]　図の電圧と電流が負の領域は，電池の極性を逆にして，電流が逆向きに流れることを意味する。

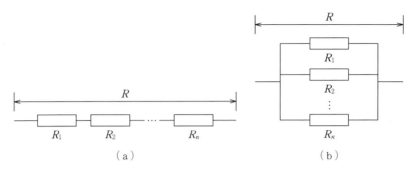

図 5.9 複数抵抗器の接続

$$V_1 = R_1 i, \quad V_2 = R_2 i, \quad \cdots, \quad V_n = R_n i \tag{5.13}$$

であり，各抵抗器の電圧の和が全体の電圧 V になるので，合成抵抗 R は

$$R = \frac{V}{i} = R_1 + R_2 + \cdots + R_n \quad [\Omega] \tag{5.14}$$

となる。

並列接続（図（b））の場合：

各抵抗器の両端の電圧（電位差）V は等しく

$$i_1 = \frac{V}{R_1}, \quad i_2 = \frac{V}{R_2}, \quad \cdots, \quad i_n = \frac{V}{R_n} \tag{5.15}$$

であり，各抵抗器に流れる電流の和が全体の電流であるから，合成抵抗 R は

$$i = \frac{V}{R_1} + \frac{V}{R_2} + \cdots + \frac{V}{R_n} = \frac{V}{R} \tag{5.16}$$

である。したがって

$$\frac{1}{R} = \frac{1}{R_1} + \frac{1}{R_2} + \cdots + \frac{1}{R_n} \quad [\Omega^{-1}] \tag{5.17}$$

となる。

【例題 5.2】

図 5.10 に示す回路で，スイッチ S のオン・オフにかかわらず電流 I が一定になるための条件を求めよ。

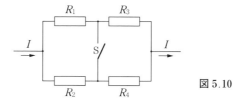

図 5.10

<解答>

S がオフのときの全抵抗 R は，$R_1 + R_3$ と $R_2 + R_4$ の並列接続であるから

$$R = \frac{(R_1 + R_3)(R_2 + R_4)}{(R_1 + R_3) + (R_2 + R_4)}$$

S がオンのときの全抵抗 R は，R_1 と R_2 の並列接続 r_{12} と R_3 と R_4 の並列接続 r_{34} の直列接続 $r_{12} + r_{34}$ である。したがって

$$r_{12} + r_{34} = \frac{R_1 R_2}{R_1 + R_2} + \frac{R_3 R_4}{R_3 + R_4}$$

$R = r_{12} + r_{34}$ より

$$\frac{(R_1 + R_3)(R_2 + R_4)}{(R_1 + R_3) + (R_2 + R_4)} = \frac{R_1 R_2}{R_1 + R_2} + \frac{R_3 R_4}{R_3 + R_4}$$

これより

$$(R_1 R_4 - R_2 R_3)^2 = 0$$

したがって，求めるべき条件は $R_1 R_4 = R_2 R_3$ となる。　　　　　　◇

5.2.5 回 路 の 電 力

図 5.11 に示すように電池（電源）に導線を介して，ある「部品」をつなぐことを考えてみよう。このように複数の部品（電池も部品である）を導線で接続した系を回路と呼ぶ。図 5.9（b）の回路に一定の電流 i が流れ，図中の部

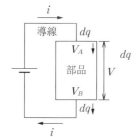

図 5.11 回路の電力

品の一方の電位が V_A で他方の電位が V_B であり，その電位差が $V = V_A - V_B$ で定常状態になっているものとする。

前章で説明したように，電位 V_A にある電荷 dq は $V_A dq$〔J〕の位置エネルギーを持っており，図より，その位置エネルギーが $V_B dq$〔J〕に減っていることがわかる。すなわち

$$(V_A - V_B)dq = Vdq \ \text{〔J〕} \tag{5.18}$$

の電気的エネルギーが減ったことになる。この減ったエネルギーがどこに行ったかというと，部品によって費やされ，熱や光などのエネルギーに変化したことになる。

回路において，単位時間当りに熱や光などに変化したエネルギーを電力 (electric power) と呼ぶ。すなわち，電力 P は，Vdq のエネルギー変化が時間 dt の間に生じたとすると

$$P = \frac{Vdq}{dt} = Vi \tag{5.19}$$

と表せる。その単位は〔VA〕であり，これを〔W〕と表記し，ワットと読む。

図に示す部品が，抵抗器であった場合，式 (5.7) より

$$P = Ri^2 = \frac{V^2}{R} \tag{5.20}$$

である。抵抗器で費やされた電気的エネルギー P は，熱エネルギーに変化し，この熱はジュール熱（Joule heat）と呼ばれる。

演 習 問 題

【5.1】

ある導線に電流が 1 A 流れているとき，1 秒間に導線の断面を通過する電子の数 n_e を求めよ。

【5.2】

断面積 1 mm^2 の銅製の導線に電流が 1 A 流れている。銅の電子（電流に寄与する電子）の密度は 8.5×10^{28} m^{-3} である。電子の平均速度（平均移動速度）の大きさ v_e

を求めよ。

【5.3】

　真空中で静電容量 C の平行平板コンデンサがある。この平行平板電極間を抵抗率 ρ の物質で満たしたときの抵抗が R であった。静電容量 C と抵抗 R の関係を求めよ。

【5.4】

　問図 5.1 に示すように，高さ l で厚みが薄い二つの円筒導体（両者の軸は共通）がある。それぞれの半径は a，b とする（$a<b$）。両円筒導体の間は，電気伝導率 σ の物質で満たされている。両円筒導体間の抵抗 R を求めよ。

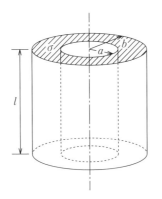

問図 5.1

【5.5】

　問図 5.2 に示す 12 個の抵抗器からなる回路の AB 間の抵抗 R を求めよ。一つの抵抗器の抵抗の値を r とする。

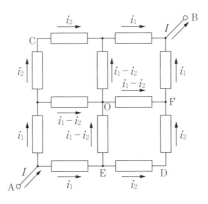

問図 5.2

応用技術その1

　ここまで電磁気学の前半では，電荷と電場を中心とした現象や法則について説明した。本章では，これらの現象や法則を用いたいくつかの応用技術について解説する。

6.1　コピー機（複写機）とレーザプリンタ

　コピー機（複写機）の原理を**図6.1**に示す。コピー機の中心となる部品の一つがドラム（OPCドラム）である（図（a））。ドラムは帯電しやすい材質からできており，はじめにドラム全体を帯電させる（図（b））。この図では正に帯電させている。

　ドラム（OPCドラム）の特徴は，光を当てると，光の当たった場所の電荷が除去されることである。この性質を利用し，複写機の光学系では原紙の文字や図の濃淡を光の強弱に変換し，この光信号をドラムに照射する。これを「露光」と呼ぶ（図（c））。例えば，図のように「A」という文字が印刷された原紙を複写機にかけると，「A」という文字に対応したドラム上の場所にだけ光を当てず，文字以外のドラム上の場所すべてに光を当てる。これにより，「A」という文字に対応した箇所だけ帯電することになる。

　その後，負に帯電したトナー（インクに相当）をドラムと接触させれば，トナーはドラム上の正に帯電した「A」という文字の部分だけにクーロン力で吸い付けられる（図（d））。これを「現像」と呼ぶ。その後，トナーとは逆の電荷で強く帯電（この場合は，正に帯電）したチャージャーをコピー用紙の裏か

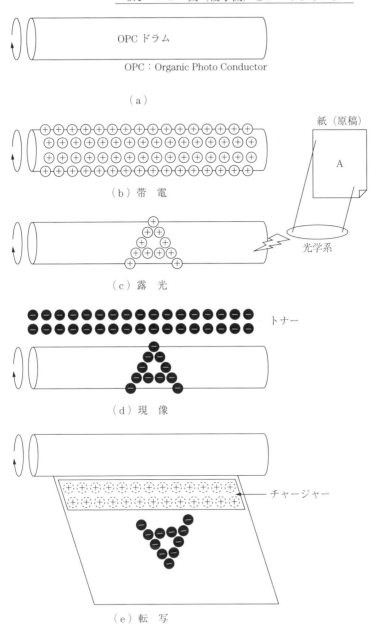

図6.1　コピー機の原理

ら当て，コピー用紙をドラム上のトナーに押し付ける。これにより，ドラム上
のトナーは，コピー用紙側にクーロン力で吸い付けられ，「A」という文字の
トナーをコピーに紙に「転写」する（図(e)）。

　なお，本図ではわかりやすくするために，帯電（図(b)），露光（図(c)），
現像（図(d)），転写（図(e)）ごとにドラムが1回転するように記載して
いるが，実際は，1回転の間にこれらの工程が終了する。

　パソコンの印刷機の一つであるレーザプリンタもコピー機と同じ原理であ
る。レーザプリンタではコピー機の光学系（図(c)）を用いずに，直接，パ
ソコンからの文字や画像データを基に「露光」が行われる。

　なお，カラー印刷の場合は，光の3原色（正確には，光の3原色の補色であ
るシアン，マゼンタ，イエロー）に対応した3種のトナーとそれぞれのトナー
に対応したドラムを用いる。

6.2　静　電　塗　装

　日常品や工業製品などの塗装には，従来より**図 6.2**（a）に示す塗装ガン（ス
プレーガン）が用いられている。これは，霧吹きの原理で，塗料の粒子を吹き
付けて塗装する方法である。これにより，速く，美しく，大量の塗装ができ
る。一方，図(a)に示す従来方式では，被塗装物から外れてしまう塗装粒子
が多く無駄が多く効率が悪かった。

　これに対し静電塗装では，図(b)のように被塗装物と塗装ガンの中の電極
に高電圧を印加し，被塗装物表面を正に帯電させる。一方，塗装粒子を負に帯
電させる。これにより，被塗装物と塗装粒子の間にはクーロン力による引力が
働き，ほとんどの塗装粒子を被塗装物表面に吸着させること（無駄なく効率的
に塗装すること）ができる。つまり，被塗装物と塗装ガンの間に生じた電気力
線に沿って塗装粒子が移動し，被塗装物表面に堆積するのである。

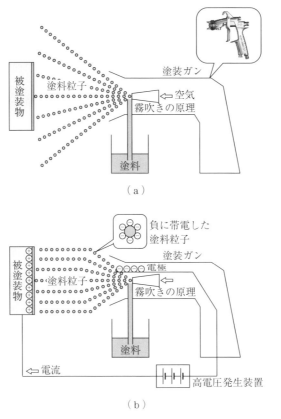

図 6.2 静 電 塗 装

6.3 静 電 モ ー タ

　家電品などに一般的に用いられているモータは，後述する磁石と電流によっ
て発生する力を利用して物体を回転させている。一方，クーロン力で物体を回
転するモータが静電モータである。その原理を**図 6.3** に示す。

　右側の導体は帯電（この場合は，正に帯電）しており，電荷は接地面（電位
は 0 V）に向かって引き付けられる。この引力はクーロン力によるものである。
電荷の移動経路の途中に回転体と電極 1 と 2 を設けておくと，電荷はクーロン

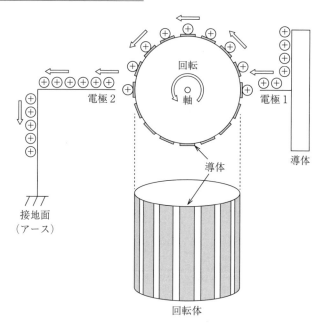

回転

軸

電極2

電極1

導体

導体

接地面
（アース）

回転体

図 6.3　静電モータの原理

力により電極1から回転体上の導体に乗り移り，回転体を回転させながら電極
2に乗り移り，接地面へと移動する。これにより，回転体は軸を中心に反時計
回りに回転する（モータとして動作する）。

　静電モータは，磁力を利用する一般的なモータよりも回転力が弱いため，あ
まり普及していない。しかし，構造が簡単であり，小型化するほど単位体積当
りの回転力が増す（表面積と体積の比の関係）ことが特長である。このため，
マイクロマシン（半導体製造技術で作成されるシリコン製の超小型機器）の動
力として着目されている。

6.4　避　　雷　　針

　帯電している物体間の電場が強いと，電荷が物体を離れて物体間を移動す
る。これが放電現象である。地球規模で起こる放電現象が落雷であり，典型的

な落雷はつぎのように発生する（**図6.4**（a））。まず，雷雲（積乱雲）の中では，氷の粒が激しくぶつかり合うことで，大量の電荷が発生する。これにより，雷雲の地表面側の電荷（図では負電荷）がつくる電場 $\vec{E}$ に引き付けられて，地表面にも電荷が発生する（図では正電荷）。そして，この電場が非常に大きくなることで，雷雲と地上との間で電荷の移動，すなわち放電が発生する。これが落雷である。その電圧は数万〜2億 V，電流は数万〜数十万 A といわれている。

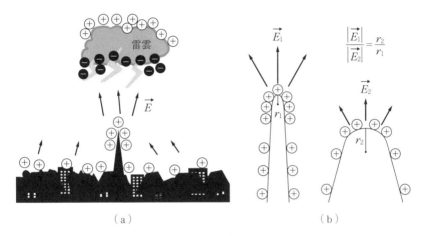

（a）　　　　　　　　　　　　　（b）

図6.4　落雷と避雷針

　この落雷の被害を減らすための装置が避雷針である。避雷針は金属でできており，これに意図的に雷を落とすことで，避雷針周囲への落雷を回避している。つまり，避雷針自体は，雷を誘導しているので，原理的には，「誘」雷針ということができるであろう。

　避雷針が高い建物の屋上に設置されているのは，高い所ほど雷雲との距離が近くなり，電場 $\vec{E}$ が大きくなるので雷が落ちやすくなるからである。また，避雷針は，その名のとおり，「針」のように尖っている。この理由は，演習問題3.5 から推察することができる。この演習問題からわかるように，半径が $r_1 < r_2$ の二つの導体球をつないで電荷を与えると，半径 r_2 の球より，半径 r_1 の球の

ほうに多くの電荷が集まり，表面の電場は大きくなる。そして，その関係は

$$\frac{\left|\vec{E_1}\right|}{\left|\vec{E_2}\right|} = \frac{r_2}{r_1}$$

となる。つまり，図6.4（b）に示すように，ある導体に電荷を与えた場合，曲率半径の小さいところ，すなわち，尖った箇所により多くの電荷が集まり，強い電場を発生することになる。避雷針が尖っているのはこのように強い電場を発生し，より強く雷を誘導するためである。

6.5　タッチパネル

　スマートフォンやパソコンをはじめ，多くの情報機器の入力インタフェースとして，タッチパネルが利用されている。タッチパネルのうち，広く用いられているのが静電容量方式であり，その名のとおり，コンデンサの静電容量を利用している。

　図6.5（a）に静電容量型のタッチパネルの全体の構造概略を示す。タッチパネルの面は2層構造で，それぞれの層は，透明な複数の電極から構成されている（図ではわかりやすくするために黒く示しているが，実際は透明である）。図の上層はx軸に垂直（y軸に平行）な複数の細い電極（図ではX_0からX_7）で構成されていて，下層はy軸に垂直（x軸に平行）な複数の細い電極（図ではY_0からY_9）で構成されている（実際は，これよりもはるかに多い数の電極が高密度に使われている）。そして，上層と下層の各電極の各交点は，ちょうど，図4.5（a）に示す平行平板電極によるコンデンサ構造となる（このコンデンサをC_tとする）。そして，タッチパネルに接続された専用の電子回路により，順番に金属電極X_iとY_iの間に電圧を印加することで，瞬間的に流れる電流からC_tの値を確認することができる（当然，C_tの値はすべて同じなので，瞬間的に流れる電流も同じ値である。）

　ここで，タッチパネルの任意の点を指で触れることを考えてみよう。実際には，図6.5（b）に断面図を示すように，タッチパネル（金属電極X_iとY_i）は，

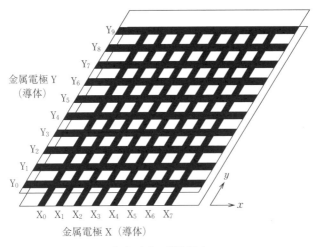

金属電極 Y
（導体）

X₀ X₁ X₂ X₃ X₄ X₅ X₆ X₇
金属電極 X（導体）

（ a ）全体の構造概略

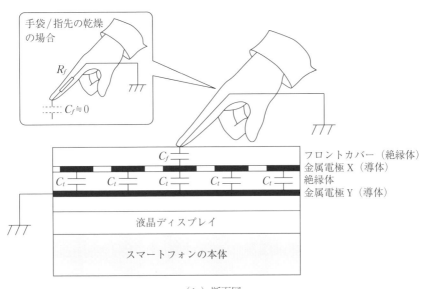

（ b ）断面図

図6.5　タッチパネル（静電容量（投影型））の原理

液晶ディスプレイとフロントカバーに挟まれた構造になっている。ここで，フロントカバーの任意の点を指で触れると，指（人間の体）は電流を流すので導体とみなすことができる。このため，指を一方の電極，指で触れた金属電極をもう一方の電極としてコンデンサ C_f が形成されることになる。このため，上述した専用電子回路により順番に金属電極 X_i と Y_i の間に電圧を印加していて，この指で触れた交点にくると，その静電容量が C_t から C_t と C_f の合成容量に変化することになる。したがって，電子回路から瞬間的に流れる電流も変化することになる。電子回路は，この電流の変化を検出することで，金属電極 X_i と Y_i のどの交点に指が触れたか（タッチパネル上のどの箇所に指が触れたか）を検出することができる。これが，静電容量型のタッチパネルの原理である。

　なお，電子回路が順番に金属電極 X_i と Y_i の間に電圧を印加する（印加電圧をスキャンする）速度は，人間の指の動作よりもはるかに速く，瞬間的にでも指が触れれば，すぐにその箇所を検出することができる。ここで，各交点に電圧が印加されるのは一瞬であり，指の先を含めて人体は大きな導体（完全ではないが）とみなせるため，指の先はグランドに接続（接地）された状態と同等になる。

　手袋をはめていたり，冬場など指先が乾燥しているときに，タッチパネルがうまく反応しないことがある。これは，手袋が絶縁体だったり乾燥のために指の表面に電流が流れづらくなったりするため，これが抵抗 R_f となり，R_f とコンデンサ C_f が直列接続になった構造となるためである。この抵抗 R_f に邪魔されて，電流が流れづらくなるため，$C_f \fallingdotseq 0$ となり，電子回路に流れる電流が変化しなくなる。このため，指で触った点を検出できなくなる。

6.6　メモリ集積回路（DRAM）

　スーパーコンピュータやパソコンはもちろん，スマートフォンやゲーム機器，携帯情報端末，家電品，自動車などの制御機器まで，現代では，身の回りの電子・電気機器のほとんどにコンピュータが組み込まれている。そして，コ

ンピュータは，プロセッサ集積回路とメモリ集積回路から構成されている。

　メモリ集積回路にはいくつかの方式があるが，その中でも集積度が高く，高速なメモリ集積回路が DRAM（dynamic random access memory）である。DRAM はおもに，コンピュータの主記憶回路に用いられており，メモリ集積回路の中心的な存在である。

　図 6.6（a）にメモリ集積回路の一例とその記憶の原理を示す。他の集積回路と同様に，メモリ集積回路は，その本体であるメモリ集積回路チップをパッケージに入れた形態で出荷されている。メモリ集積回路チップは，約 1 cm 四方の大きさの半導体（シリコン）基板を基に作成されている。現在では，半導体微細化技術により，このわずかな大きさのチップの上に 1 G ビット，すなわち，10 億ビット以上の記憶容量を実現している。

　図 6.6（b）に 1 ビットの記憶の原理を示す。1 ビットは，コンデンサとスイッチから構成されており，このコンデンサに電荷が蓄えているか否かで「1」か「0」かを記憶している（例えば，コンデンサが充電していれば「1」，放電

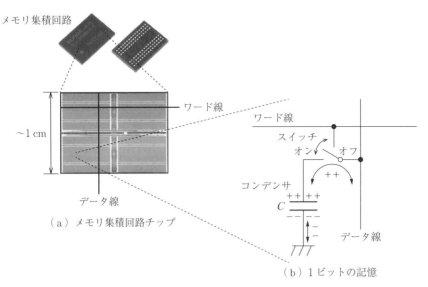

（a）メモリ集積回路チップ

（b）1 ビットの記憶

図 6.6　メモリ集積回路（DRAM）とデータの記憶

していれば「0」である）。メモリ集積回路チップ中には，ワード線とデータ線が縦横に高密度に設置されており，ワード線とデータ線の各交点に1ビットの構造が形成されている。

図中のスイッチは，実際はトランジスタという電子素子であり，ワード線に与えた電圧の高低でオン・オフする。スイッチをオンにすると，コンデンサに電荷が溜まっていた場合，その電荷がデータ線に流れる。これにより，コンデンサが充電状態にあったこと，すなわち，「1」を読み出すことができる。一方，コンデンサに電荷がなかった場合，データ線には電荷は流れず，コンデンサが放電状態にあったこと，すなわち，「0」を読み出すことができる。これが，1ビットの記憶情報の読み出しである。

書き込みの場合は，スイッチをオン状態にしたまま，データ線から電荷を流し込めば「1」を書き込むことができる。一方，電荷を流し出せば，「0」を書きこむことができる。そして，スイッチをオフにすることにより，コンデンサはデータ線とは切り離され，充電状態「1」または放電状態「0」を保つこと，すなわち，情報を記憶することができる。

コンデンサとスイッチ（トランジスタ）は半導体を用いて構成されており，その構造がシンプルであるため，小さなチップで10億ビット以上の記憶容量が実現できている。

6.7　加速度センサ

加速度の検出や測定を行う加速度センサは，自動車や航空機器などさまざまな分野で用いられている。近年では，ゲーム機やスマートフォンなどにも組み込まれるようになり，高性能な小型加速度センサが開発されている。

小型加速度センサのほか，小型な機械構造を半導体を用いた微細化技術で作成する技術が急速に進展しており，これらの構造（システム）は MEMS（micro electro mechanical systems）と呼ばれる。**図6.7**（a）に示す写真は，MEMS による小型化速度センサの例である。

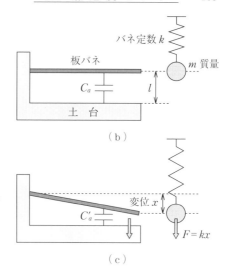

（a）MEMS を用いた静電加速度センサ
〔富士電機；技術開発・生産技術富
士時報, **80**, 1, p.87（2007）より転載〕

図 6.7 静電容量型加速度センサの原理

　この加速度センサは，加速度の変化を静電容量の変化として計測する静電容量型加速度センサである。MEMS による静電容量型加速度センサは，板バネと土台で構成されていて，その材質は半導体である。半導体は，電気抵抗は高いが導体の一種であり，図 6.7（b）に示すように板バネと土台の間が静電容量 C_a の平行平板コンデンサとなる。

　ここで，質量 m の板バネに加速度 a，すなわち，力 F が加わると

$$F = ma$$

の関係が成り立つ[†]。一方，この力によって，図 6.7（c）に示すよう板バネがたわむことで板バネと土台の間の間隔 l が x だけ変化する。板バネのバネ定数を k とすると

$$F = kx$$

の関係が成り立つ。これより

$$a = \frac{k}{m}x$$

[†] 力と加速度はベクトル量であるが，ここでは図 6.7 に示すようにその方向が 1 次元であるので，ベクトル表記にはしていない。

であり，板バネの変位 x を計ることで，加速度 a を知ることができる。そして，式 (4.5) より，変位 x によって平行平板コンデンサの静電容量が C'_a に変化する。したがって，$\Delta C_a = C_a - C'_a$ を電気的に計ることで変位 x がわかり，加速度 a を知ることができる。

6.8 AED（自動体外式除細動器）

AED（automated external defibrillator）は，心臓が停止[†]したときに，心臓に電気ショックを与えることで心臓の動きを正常に戻すための医療機器である（図 6.8 (a)）。近年，学校や駅など，多くの場所に設置されており，機器の所在を示す表示を見た読者も多いであろう。

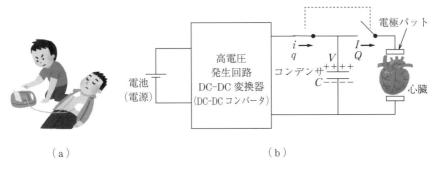

(a)   (b)

図 6.8 AED（自動体外式除細動器）

AED の仕組みを図 (b) に示す。電池の電圧から高電圧を発生する回路（高電圧発生回路）とコンデンサ，そして，コンデンサの電極を人体に貼り付ける二つの電極パッドから構成されている。使用時は，コンデンサの電極パッドを心臓をはさむように人の肩と脇腹に貼り付ける。この状態で，はじめに，コンデンサ C を高電圧発生回路によって充電する。そして，充電したコンデンサを放電することで心臓に大きな電流を流す（電気ショックを与える）。高電圧発生回路は，5 000 V 程度の高電圧を電池などの低い電圧から発生する回路で

---

†　正確には心室細動状態

あり，コンデンサ C の静電容量は，$50\,\mu\mathrm{F}$ 程度である。

　さて，なぜ，いったんコンデンサに電荷を蓄えることで電流を流すのであろうか（なぜ，直接，高電圧発生回路の電流を心臓に流さないのであろうか）。その理由は，高電圧発生回路は，高電圧は発生できるが，一瞬の間（数 ms の間）に多くの電荷を流すことができないためである。そこで，高電圧発生回路で少しずつ電荷 q を移動して（わずかな電流 i を流し続けて）コンデンサを充電し，コンデンサに溜まった電荷 Q を一挙に移動させる（大きな電流 I を流す）のである。

　ここで，すでに学んだ知識から，定量的に考えてみよう。充電後のコンデンサに蓄えられたエネルギー U は

$$U=\frac{1}{2}\,CV^2=\frac{1}{2}\times 50\,\mu\mathrm{F}\times(5\,000\,\mathrm{V})^2=625\,\mathrm{J}$$

であり，これが $5\,\mathrm{ms}$ の間に放電されたとすると，その電力は

$$P=\frac{U}{\Delta t}=\frac{625\,\mathrm{J}}{5\times10^{-3}\,\mathrm{sec}}=125\,\mathrm{KW}$$

となる。また，電荷 Q は

$$Q=CV=50\times10^{-6}\,\mathrm{F}\cdot5\,000\,\mathrm{V}=2.50\times10^{-1}\,\mathrm{C}$$

であり，これより電流 I は

$$I=\frac{Q}{\Delta t}=\frac{2.5\times10^{-1}\,\mathrm{C}}{5\times10^{-3}\,\mathrm{sec}}=50\,\mathrm{A}$$

である。電気ストーブが $1\,\mathrm{KW}$ で $10\,\mathrm{A}$ 程度であることからすると，AED に使われているコンデンサは，その電力も電流も非常に大きな値であることがわかる。これだけ大きな電力と電流を一瞬の間だけ発生するために，コンデンサ C が用いられている。

　なお，デジタルカメラなどで用いられているストロボ発光装置も同じ原理であり，コンデンサに蓄えられた電荷のエネルギーを短時間に放出することで，瞬間的に強い光（エネルギー）を生み出している。

　ちなみに，AED の電極パッドは，人間の肩と脇腹に装着され，その間の抵

抗値 R は大まかに 100 Ω 程度と見積もれる。コンデンサ C と抵抗 R の回路の放電時間の目安は，時定数[†1] $\tau = RC$ で計算できるので

$$\tau = RC = 100\,\Omega \times 50 \times 10^{-6}\,\text{F} = 5\,\text{ms}$$

と計算できる。

6.9　ピエゾ素子とスマートフォン

4.6 節で解説した誘電体の中でも比誘電率が非常に高い物質が強誘電体であり，代表的な強誘電体にチタン酸バリウムがある。そして，強誘電体を用いた素子が圧電素子（ピエゾ素子）である。例えば，チタン酸バリウム粉体を焼き固め，セラミックス状にした素子である。

図 6.9（a）に示すように，強誘電体材料は，最初から原子レベルで自発的に分極した構造を持っているが，その分極の方向がランダムであるため，全体としては，電荷は生じない（帯電していない）。これに図（b）のように，外部から強い電場をかける分極処理を行うことで，分極の向きがそろい，電荷が表面に発生する（局所的に帯電する）。ここまでは通常の誘電体と同様の振る舞いであるが，強誘電体の場合，外部電場を取り除いても分極が残り，局所的な帯電状態のままとなる（図（c））。

この分極処理を行った強誘電体が圧電素子である。図 6.9（d）に示すように圧電素子に外部から交流電圧[†2] をかけると，素子表面の電荷と電極の電荷が異符号の場合は，圧電素子表面は引っ張られ，同符号のときは押し込まれる。これにより，圧電素子表面は，交流電源の周波数に合わせて振動することになる。つまり，電気信号を機械的な振動に変換することができる。

この特長を生かして，圧電素子はさまざまな分野で利用がされてきたが，最近では，スマートフォンのスピーカやバイブレータにも用いられている。スピーカやバイブレータは，通常，本書の後半で解説する磁力と電流によって発

---

†1　詳細は電気回路学の教科書の過渡現象を参照されたい。
†2　周期的に電位差の高低（正負の極性）が入れ替わる電源。

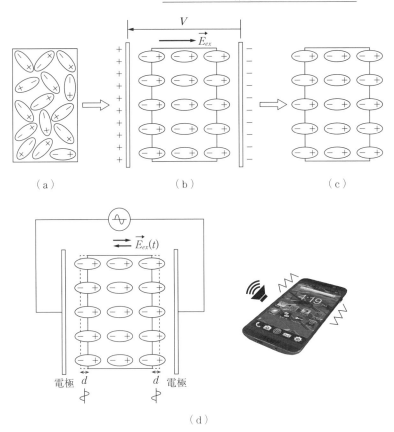

（a）　　　　　　　　（b）　　　　　　　　（c）

（d）

図 6.9 圧電素子（ピエゾ素子）とスマートフォン

生する力を利用する方法が用いられている。しかし，この方法では小型化（特に薄く）することが難しい。圧電素子を用いることで，これらを小さく，薄くすることが可能となっている。

　また，圧電素子は，機械的な振動を外部から与えることで，その表面の電荷密度が変化する。これは，上記の電気信号→機械振動の逆である。この現象を利用することで，マイクロフォン（スピーカの逆）や振動検出器をつくることができる。

磁 荷 と 磁 場

　前章まで，電磁気学の前半である電気現象について解説した。本章からは，後半の磁気現象について解説する。一番身近な磁気現象は，磁石に発生する力であろう。磁石のN極とS極は引き合い，N極どうし，またはS極どうしは反発し合う。この点で，磁石のN極とS極は正負の電荷と同じように取り扱うことができ，したがって，電気現象と磁気現象は同じように思われる。これはある点では正しいが，磁気現象は電気現象とは異なる"不思議"な性質を示す。本章では，後半のスタートとして，この不思議な点から磁気現象を解説する。

7.1　磁石のモデル

7.1.1　磁荷と電荷の一致点と相違点

　二つの棒磁石の一方のN極ともう一方のS極を近づけると両者の間に引力が発生する。また，両方とも同じ極だと反発力が発生する。この現象は電荷どうしの引力と斥力と似ている。さらに，実験してみると，両者の間の引力，斥力は電荷のクーロン力と同じように，距離の2乗に反比例することがわかった。

　このことから，磁石の中にも**図**7.1に示す磁荷$\pm q_m$[†]が存在し，同極性どうし（図（a））の間には斥力，異極どうし（図（b））の間には引力が働き，電荷のクーロンの法則と同じ理論が展開できると考えられる。

　実際に定量的な測定から，磁荷量q_{m1}とq_{m2}の磁荷の間に働く力は

[†]　N極の磁荷を$+q_m$，S極の磁荷を$-q_m$（$q_m>0$）と表す。

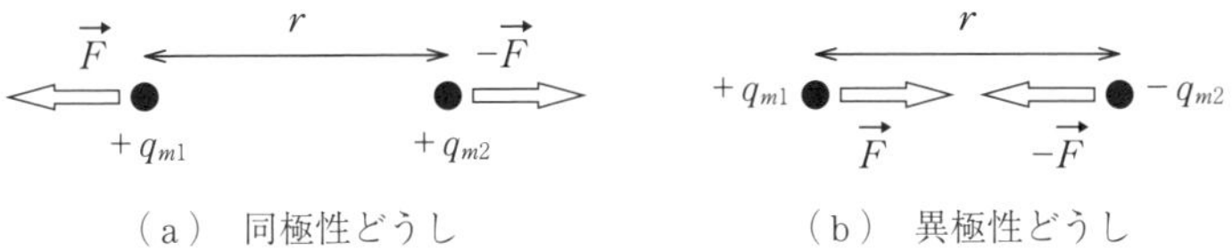

（a） 同極性どうし   （b） 異極性どうし

図 7.1　磁化とクーロン力

$$\left|\vec{F}\right| = \frac{1}{4\pi\mu_0} \frac{\left|q_{m1}\right|\left|q_{m2}\right|}{r^2} \tag{7.1}$$

であることが知られている。磁荷量の単位はウェーバ〔Wb〕＝〔$\mathrm{m^2\,kg/s}$〕であり，定数 μ_0 は透磁率と呼ばれ，その値は

$$\mu_0 = 4\pi \times 10^{-7}\,\mathrm{kg \cdot m/C^2}$$

である。これより，磁荷においても**図 7.2** に示すように，電場と同じように磁荷間のクーロン力の基になる「場」，すなわち，磁場 $\vec{H}$ が考えられ，式（7.1）から

$$\vec{H} = \frac{\vec{F}}{q_m} \tag{7.2}$$

が導出できる[†]。さらに，点磁荷 $+q_m$ と $-q_m$ からは，磁場 $\vec{H}$ が動径方向に一様に湧き出し，あるいは，吸い込むことが考えられる。磁場 $\vec{H}$ の単位は，〔A/m〕である。

図 7.2　磁荷と磁場

一方，磁荷には，電荷にはない，以下に示す磁荷特有の現象がある。

【現象1】

いまだに，磁荷 $+q_m$，または $-q_m$ が単独（これを単極磁荷と呼ぶ）で発見されていない（$+q_m$ と $-q_m$ は，必ず対で存在する）。すなわち，**図 7.3**（a）に示すように，棒磁石はどんなに小さく切っていっても，必ず N 極（$+q_m$）

[†]　ここでは，磁場を，いったん $\vec{H}$ と記すが，後に $\vec{B}$ で記すこととなる。

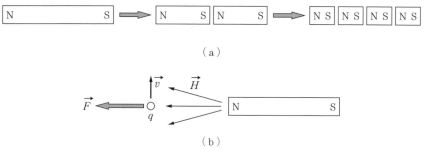

（a）

（b）

図 7.3 磁荷特有の現象

と S 極（$-q_m$）が対になって現れる。

【現象 2】

図 7.3（b）に示すように磁石が置かれた空間，すなわち，磁場 $\vec{H}$ の空間を動く（速さ $\vec{v}$ で移動する）電荷 q には，力 $\vec{F}$ が働く（止まっている電荷には力は働かない）。

そして，この二つの現象を説明するモデルとして，以下の「磁気双極子」モデルと「電流ループ」モデルを考える。

7.1.2 磁気双極子モデル

現象 1 を満たすモデルとして，磁気双極子（**図 7.4**）を用いる。これは，すでに例題 1.2 や 3.3.1 項で説明した電気双極子と同じモデルであり，磁荷 $+q_m$ と $-q_m$ がつねに距離 d を保って対になって存在する。そして，d は原子，分子レベルの非常に短い長さと考え，磁気双極子が磁石を構成する最小単位と考えれば，「棒磁石はどんなに小さく切っていっても，必ず N 極（$+q_m$）と S 極

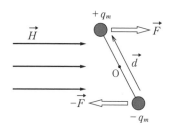

図 7.4 磁気双極子

$(-q_m)$ が対になって現れる」ことを表現することができる。そして，現象2
については，現象1とは別の磁場特有の現象として取り扱う。なお，$q_m\vec{d}$ は磁
気モーメント（magnetic moment）と呼ばれる。

7.1.3　電流ループモデル

　現象2から，磁場 $\vec{H}$ の中で動く電荷，すなわち磁場中の「電流」に力が働
くということは，電流が磁場と密接にかかわっていると考えることができる。
このことから，磁荷ではなく**図7.5** に示す原子，分子レベルの微小なループ
（輪）を考え，このループの中を電流 i が回り続けているモデル（これを電流
ループと呼ぶ）を用いる。そして，この電流が流れている微小なループ（面積
は A で，その法線ベクトルは $\vec{n}$ ）が磁石を構成する最小単位と考える。

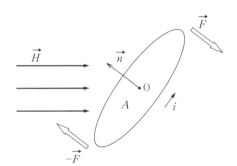

図7.5　電流ループ

　電流ループは，現象2により磁場から力 $\vec{F}$ を受ける（$\vec{F}$ の向きや大きさに
ついては後述する）。さらに，次章で説明するように，電流の周囲には磁場が
発生することが発見されている。したがって，この電流ループから磁場が発生
する。よって，微小な電流ループは，磁場を発生し，磁場から力を受ける最小
単位として考えることができる。このように考えれば，$\pm q_m$ という磁荷自体
の存在が不必要となり，現象1とも合致する。

7.1.4　磁気双極子モデルと電流ループモデルの等価性

　磁気双極子と電流ループには，それぞれ，図7.4，図7.5に示すように磁場

$\vec{H}$ によって力 $\vec{F}$ と $-\vec{F}$ が働き，中心 O を中心にこれらを回転させるトルク[†]が発生する。計算過程は省略するが，この両者に働くトルクは

$$q_m \vec{d} = \mu_0 i A \vec{n} \tag{7.3}$$

のときに等しくなる（両者の磁気モーメントが等しくなる）ことが知られている。ここで，A と $\vec{n}$ は，それぞれ電流ループの面積とループ面に垂直な単位ベクトルである。また，両者が中心 O から十分離れた場所につくる磁場 $\vec{H}$ も等しくなることを示すことができる。したがって，両者は等価であり，磁石は，磁荷ではなく，図 7.6 に示すように，微小な磁気双極子，あるいは，微小な電流ループを最小単位としてモデル化することができる（最小単位であるので，これを分断することはできない）。

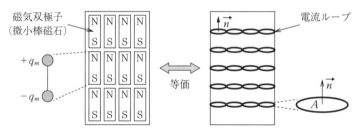

図 7.6　磁石のモデル

【例題 7.1】

　図 7.4 の磁荷 $+q_m$ と $-q_m$ の中点を原点とし，両電荷の延長線上の点 P（原点からの距離 r）の磁場 $\vec{H}$ を求めよ。なお，$r \gg d$ とする。

＜解答＞
　例題 1.2 の電気双極子の解答から

$$\left| \vec{H} \right| = \frac{\left| \vec{p} \right|}{2\pi \mu_0 r^3}$$

である。ただし，$\vec{p}$（双極子モーメント）は $\vec{p} = q_m d \vec{n}$ であり，$\vec{n}$ は $-q_m$ から $+q_m$

---

† 　物体を回転させる力学的効果。

に向かう単位ベクトルである。　　　　　　　　　　　　　　　　　　　◇

7.1.5　磁性体（磁石）

　磁石など，磁場をつくる性質のある物質を磁性体と呼ぶ。磁性体が磁場をつ
くる理由は，磁性体を構成する原子内を運動する電子が微小電流ループとして
作用するほか，電子自体が電流ループと等価な磁気モーメントを持っているこ
とにある。この点で，磁石のモデルは，微小磁気双極子よりも微小電流ループ
のほうが現実に沿っている。

　一般に磁性体は，その微小な電流ループの向き（図7.5に示す $\vec{n}$ の向き）
がまったくランダムであるので，磁場どうしが打ち消し合い，全体としては磁

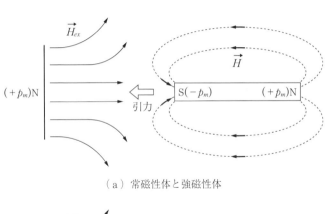

（a）常磁性体と強磁性体

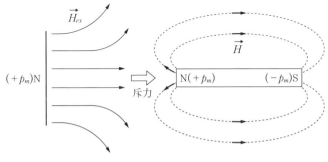

（b）反磁性体

図 7.7　磁性体の種類

場をつくらない。しかし，**図7.7**に示すように，外から磁場$\vec{H}_{ex}$をかけることによって電流ループの向き（$\vec{n}$）がそろい，自ら磁場$\vec{H}$を生成するようになる。これを磁化と呼ぶ。

磁性体には，常磁性体（paramagnetic material），反磁性体（diamagnetic material），強磁性体（ferromagnetic material）があり，それぞれ，つぎの性質を持つ。

常磁性体：磁化した磁性体が，外部磁場$\vec{H}_{ex}$の元になる磁性体に引きつけられるように磁化する磁性体（図7.7（a））であり，アルミニウムやクロムなどの金属のほかに酸素や空気なども常磁性体である。

反磁性体：常磁性体とは逆に，外部磁場$\vec{H}_{ex}$の元になる磁性体と反発するように磁化する磁性体（図7.7（b））であり，銅や銀，鉛などの金属のほか，水や水素も反磁性体である。

強磁性体：常磁性体と同様に磁化するが，非常に強い磁化を起こす磁性体である。その大きな特徴は，外部磁場がなくても磁化が残る（磁場を自ら発生する）ことである。鉄，ニッケル，コバルトなどが代表的な強磁性体である。

磁性体は現代社会のさまざまな分野で利用されている。情報通信分野での代表例として，最も広く利用されているものは情報記憶媒体である磁気ディスクであろう。磁気ディスクについては，その構造と原理を11.1節で解説する。

7.2　ローレンツ力と電流に働く力

7.2.1　ローレンツ力と磁束密度

7.1.1項で示した現象2について，電荷量をq，速さを$\vec{v}$，そして，磁場を$\vec{B}$をとすると，電荷に働く力$\vec{F}_B$は

$$\vec{F}_B = q\vec{v} \times \vec{B} \tag{7.4}$$

と表せる（×はベクトルの外積を示す）。この力 $\vec{F}_B$ をローレンツ力と呼ぶ[†1]。なお，前節では磁場を $\vec{H}$ で示したが，ここでは $\vec{B}$ で示している。磁場 $\vec{B}$ は，正確には磁束密度と呼ばれる（混乱が生じない限り $\vec{B}$ を磁場と呼んでおり，本書でも磁場と呼ぶ）。磁場 $\vec{H}$ と磁束密度 $\vec{B}$ 間には，真空中で

$$\vec{B} = \mu_0 \vec{H} \tag{7.5}$$

の関係がある（正確には，磁性体以外のすべての場所においてこの関係がある）。磁束密度 $\vec{B}$ の単位は，$[\mathrm{N/C \cdot (m/s)}] = [\mathrm{N/A \cdot m}]$ であり，これを $[\mathrm{T}]$ と表し，テスラと読む[†2]。なお，静電場と同様に，時間が変化しても変化しない磁場を静磁場と呼ぶ。

7.2.2 電流が流れる導線に働く力

　磁場中の導線に電流を流すと，導線に力が働く。これは，導線内の電流，すなわち，移動する電荷にローレンツ力が働き，この力が導線に作用した結果である。この力を計算してみよう。

　いま，**図7.8**（a）に示すように磁場 $\vec{B}$ の導線に電流 i が流れているとして，この導線の長さ L の部分に注目する。ここで，長さ L の導線部分の総電荷量を q，電荷が移動する速さを $\vec{v}$ として，総電荷量 q が時間 t で L の端から流れ出たとすると

$$q = it = i \frac{L}{|\vec{v}|} \tag{7.6}$$

の関係が成り立つ。これと式（7.4）から，総電荷 q に働くローレンツ力，すなわち，電流 i が流れる長さ L の導線に働く力の大きさは

$$|\vec{F}_B| = |q\vec{v} \times \vec{B}| = q|\vec{v}||\vec{B}|\sin\theta = \frac{iL}{|\vec{v}|}|\vec{v}||\vec{B}|\sin\theta = iL|\vec{B}|\sin\theta \tag{7.7}$$

[†1] 電場 $\vec{E}$ によるクーロン力も含めて，$\vec{F}_B = q\vec{v} \times \vec{B} + q\vec{E}$ をクーロン力と呼ぶこともある。

[†2] 地球表面の磁束密度 $\vec{B}$ の大きさは $1 \times 10^{-4}\,\mathrm{T}$ 程度であり，$1\,\mathrm{T}$ は非常に大きな磁束密度である。11.6節で解説する MRI 診断装置では，$1\,\mathrm{T}$ 以上の非常に大きな磁束密度を発生している。

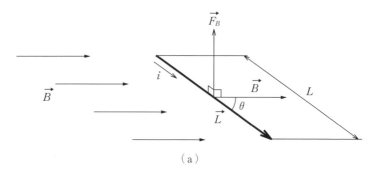

（a）

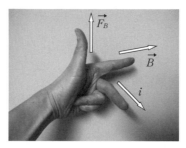

（b）フレミングの左手の法則

図 7.8　電流が流れる導線に働く力

と計算できる。なお，$\vec{L}$ を電流 i の流れる向き（電子の流れとは逆の向き）で大きさが L のベクトルとすれば，導線に働く力の向きも含めて

$$\vec{F}_B = i\vec{L} \times \vec{B} \tag{7.8}$$

と表すことができる。

　ここで力 $\vec{F}_B$，磁場 $\vec{B}$，電流 i の向きの関係は，図 7.8（b）のように左手の親指，人差し指，中指が直角になるようにしたとき，それぞれの指がこれらの向きを示している。この関係は，フレミングの左手の法則と呼ばれている。

7.3　ローレンツ力と磁場についてのさらなる知識

7.3.1　ローレンツ力に関する疑問

　式（7.4）をよく考えてみよう。この式中には速さ $\vec{v}$ が含まれている。速さ

$\vec{v}$ は観測系によって値が異なる。式 (7.4) は，観測者に対して電荷 q が動いていて，磁場 $\vec{B}$ が静止している系で電荷に発生する力を定式化している。

ここで観測者が，電荷 q とともに動いていた場合は $\vec{v}=0$ となり，式 (7.4) は $\vec{F}_B=q\vec{v}\times\vec{B}=0$ となり，力は発生しないこととなり，矛盾が生ずる（観測系によって力が働いたり，働かなかったりすることになる）。じつは，観測者が電荷 q とともに動いていた場合（$\vec{v}=0$）も同じ力が働く。そして，これを説明するためには，ローレンツ変換という時間と空間の関係（速さによって，長さが変化する効果）を導入する必要がある。この説明は本書の範囲を超えるので，他書に譲るが，是非，読者に興味を持ってもらいたい現象である。

7.3.2 磁場の本質

次章で，電流（移動する電荷）によって磁場が発生することを学ぶ。そして，7.2.2項で示したように，磁場中の電流（移動する電荷）にはローレンツ力が発生する。すなわち，電流（移動する電荷）は磁場を発生し，電流は磁場によって力を受ける。これは，二つの電流があった場合，これらはたがいに磁場を介して力をおよぼし合う関係にあることを示しており，「作用・反作用の法則」とも合致している（つぎの8章の例題8.1で，具体的にその力を求めている）。

一方，1章で，電荷は電場を発生し，電荷は電場によって力を受けることを学んだ。このことから，磁場は，「電荷が移動している際に発生する電場」と考えることができよう。そして，前節に記したように，移動速度は，観測者によって異なる。このことから，磁場は，観測者の座標系と電荷の座標系の違いによって発生した電場（磁場は，見方を変えた電場）と考えることができる。この理解も前項と同じように，ローレンツ変換を必要とするため割愛するが，是非，読者にその不思議さに興味を持っていただきたい。

演 習 問 題

【7.1】

二つの棒磁石（磁荷 $\pm q_m$ の磁気双極子）A と B の磁荷の強さは等しく，長さは 1：2（d と $2d$）である。この二つの磁石を**問図 7.1** のとおり一直線上に置く。両磁石の一直線上の間で A と B の中心から r_1，r_2 の距離にある点 P の磁場が 0 であるとき，r_1：r_2 はいくらか。ただし，$d \ll r_1$，$d \ll r_2$ とする。

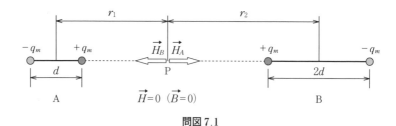

問図 7.1

【7.2】

問図 7.2 に示すように，速度 $\vec{v}$ で動いている質量 m で電荷量 q（$q > 0$）の電荷に垂直に一定の磁場 $\vec{B}$ をかけた場合，この電荷はどのような運動をするか示せ。

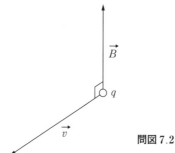

問図 7.2

【7.3】

　問図7.3に示すように，直方体（幅w，厚さd）に加工した導体や半導体をxy平面上に置き，z軸の正の向きに磁束密度$\vec{B}$の磁場をかけ，x軸の正の向きに電流Iを流した。その結果，定常状態となり，y軸に沿って一様な電場$\vec{E}$が発生し，側面Pと側面Qの間に電位差Vが測定された（この現象は「ホール効果」と呼ばれる）。電流の担い手が電子（負の電荷）の場合について，以下（1）と（2）の問いに答えよ。なお，電子の電荷量を$-e$（$e>0$），平均速度（平均ドリフト速度）を$\vec{v}$，密度をnとする。

（1）電場$\vec{E}$が発生した理由を説明せよ。また，面Pと面Qのどちらのほうが高電位か説明せよ。

（2）発生した電場の大きさ$|\vec{E}|$と電位差Vを求めよ。

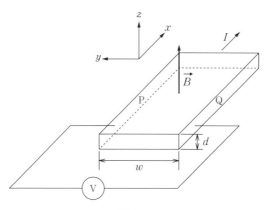

問図7.3

8

電 流 と 磁 場

　電場が電荷から発生するように，磁場は，磁荷が基になって発生すると考えられた。しかし，磁荷が単独で発見されていない（磁気単極子が発見されていない）ことや，動く電荷，すなわち電流と磁場の間に力が発生するなどのことから，いまでは，磁場の本質は電流であることがわかっている。

　本章では，電流がつくる磁場について解説し，具体的な電流の事例から磁場を計算する方法を説明する。

8.1　ビオ・サバールの法則

　電流が磁場を生成する現象について，これを定式化した法則がビオ・サバールの法則（Biot-Savart law）である。図8.1のように導線に電流 i が流れている場合，その導線の線素 $d\vec{s}$ を流れる電流の一部分 $id\vec{s}$ が，そこから距離（距離ベクトル）$\vec{r}$ だけ離れた点につくる磁場 $d\vec{B}$ は，μ_0 を透磁率として

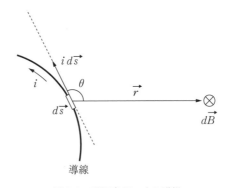

図8.1　電流素がつくる磁場

$$dB = \frac{\mu_0}{4\pi} \frac{id\vec{s} \times \vec{r}}{r^3} \tag{8.1}$$

と表すことができる[†1]。これがビオ・サバールの法則である[†2]。磁場 $d\vec{B}$ はわずかな磁場（微分量）を示しており、これは、微小な電流素 $id\vec{s}$（これも微分量）が微小な磁場を生成することを意味している。

　ここで注意すべき点は、$id\vec{s}$ と $\vec{r}$ のベクトル積 $id\vec{s} \times \vec{r}$ が含まれている点である。これより、磁場 $d\vec{B}$ は、$id\vec{s}$ と $\vec{r}$ によって張られる面、すなわち、紙面に垂直であり、その向きは、紙面を手前から後ろに貫く向きとなる。

　式 (8.1) は、その大きさだけに着目すると

$$\left| d\vec{B} \right| = \frac{\mu_0}{4\pi} \frac{i \left| d\vec{s} \right| \sin\theta}{r^2} \tag{8.2}$$

と表せる。ここで、θ は $id\vec{s}$ と $\vec{r}$ のなす角（図 8.1）である。このようにビオ・サバールの法則も、クーロンの法則と同様に、r^2 に反比例して磁場が減衰することを示している。

8.2　ビオ・サバールの法則を用いた磁場の計算

8.2.1　直線電流がつくる磁場

　無限に長い直線導線に流れる電流 i（直線電流 i）が、その周囲につくる磁場 $\vec{B}$ を求めてみよう（**図 8.2**(a)）。直線電流による磁場は、電流がつくる磁場を理解する上で、最も基本となる事例である。なお、「無限に長い直線導線に流れる電流」であるが、導線全体は閉曲線（ループ）をなしている必要がある。このため、実際は、図 (a) に示すように非常に長い直線導線とそれからはるかに離れた電池（電源）を結ぶ曲線導線から構成されていて、磁場 $\vec{B}$ は、直線導線の中央部で測定したものと考えることができる（曲線導線が生成する

[†1] $id\vec{s}$ を電流素片と呼ぶことがある。
[†2] 前章で述べたとおり、正確には、$\vec{B}$ は磁束密度と呼ばれる。磁性体以外では、$\vec{B} = \mu_0\vec{H}$ の関係にある。

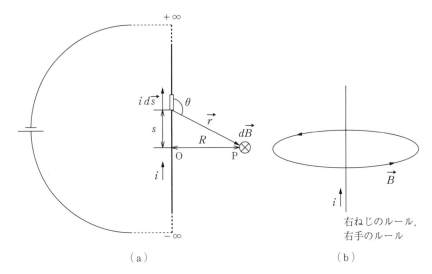

図 8.2　直線電流がつくる磁場

磁場は，直線導線の中央部付近には影響しないものとする）。

　直線電流上の点 O から距離 R の点を P とすると，点 P の磁場 $\vec{B}$ は，直線電流上の電流素 $i\,d\vec{s}$ がつくる磁場 $d\vec{B}$ を直線電流全体について足し合わせた（積分した）結果となる。図のように，直線上の s（O からの距離）から点 P に向かう距離ベクトルを $\vec{r}$ とすると，磁場 $d\vec{B}$ の向きは，式 (8.1) より，紙面に垂直で，手前から後ろに貫く向きとなる。そしてこの結果から，磁場 $\vec{B}$ は図 8.2（b）のように，直線電流を中心とした同心円状になることがわかる。したがって同心円状の磁場 $\vec{B}$ の向きは，電流 i の流れる向きに右ねじを回したときに，ねじの回転する向きになる（右ねじのルール）。あるいは，右手で，親指の指す向きが電流の向きになるように直線導線をつかんだとき，残りの指の向きが磁場 $\vec{B}$ の向きとなる（右手のルール）。

　磁場 $d\vec{B}$ の大きさは式 (8.2) より

$$\left|\vec{B}\right| = \int_{-\infty}^{+\infty}\left|d\vec{B}\right| = 2\int_{0}^{+\infty}\left|d\vec{B}\right| = \frac{\mu_0 i}{2\pi}\int_{0}^{+\infty}\frac{\sin\theta\,ds}{r^2} \tag{8.3}$$

である。ここで，$r = \sqrt{s^2 + R^2}$，$\sin\theta = \sin(\pi - \theta) = R/\sqrt{s^2 + R^2}$ を代入して

$$\left|\vec{B}\right| = \frac{\mu_0 i}{2\pi}\int_0^{+\infty}\frac{\sin\theta\,ds}{r^2} = \frac{\mu_0 i}{2\pi}\int_0^{+\infty}\frac{R\,ds}{\left(s^2 + R^2\right)^{\frac{3}{2}}}$$

$$= \frac{\mu_0 i}{2\pi R}\left[\frac{s}{\left(s^2 + R^2\right)^{\frac{1}{2}}}\right]_0^{+\infty} = \frac{\mu_0 i}{2\pi R} \tag{8.4}$$

と求めることができる。これより，直線電流による磁場は，距離 R に反比例して減衰することがわかる。

【例題 8.1】

　図 8.3 に示すように，2 本の長い直線導線 L_A と L_B が間隔 d で平行に置かれており，両者にはそれぞれ i_A 電流と i_B が同じ向きに流れている。7.2.2 項で学んだ「磁場中の電流に働く力」と本章で学んだ「直線電流がつくる磁場」から，両直線導線の単位長さ当りに働く力 $\vec{F}_{AB}$ を求めよ。なお，導線は十分細いものとする。

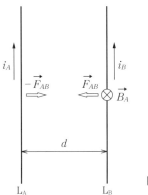

図 8.3

<解答>

　導線 L_A に流れる電流 i_A が，導線 L_B 上につくる磁場 $\vec{B}_A$ は図に示すように紙面に垂直で，紙面表から裏へ向かう向きである。したがって，式 (7.8) より，導線 L_B に働く力 $\vec{F}_{AB}$ は，導線 L_B に垂直で，導線 L_A に向かう向きとなる。そしてその大きさは，式 (7.7) について $\theta = \pi/2$，$L = 1$ （単位長さ）であることから，導線 L_B の単位

長さ当りに働く力の大きさは

$$\left|\vec{F}_{AB}\right| = iL\left|\vec{B}\right|\sin\theta = i_B\left|\vec{B}_A\right|$$

である。一方，式 (8.4) より

$$\left|\vec{B}_A\right| = \frac{\mu_0 i_A}{2\pi d}$$

と計算される。これより

$$\left|\vec{F}_{AB}\right| = \frac{\mu_0 i_A i_B}{2\pi d}$$

が導線 L_B の単位長さ当りに働く力の大きさである。

　これは，導線 L_A に働く力についてもまったく同じ計算となり，導線 L_A には，$\vec{F}_{AB}$ と同じ大きさで向きが逆な力 $-\vec{F}_{AB}$ が単位長さ当りに働く。これは，作用・反作用の法則にも合致した帰結である。　　　　　　　　　　　　　　　◇

8.2.2　円弧電流がつくる磁場

　半径 R で中心角が ϕ の円弧を流れる電流 i が円弧の中心 O につくる磁場 $\vec{B}$ を求めてみよう（**図 8.4**）。円弧上の電流素 $id\vec{s}$ が中心 O につくる磁場 $d\vec{B}$ は，紙面に垂直で，紙の裏から表に向かう向きである。よって，それらの総和 $\vec{B}$ も紙面に垂直で，紙の裏から表に向かう向きとなる。磁場の大きさは，式 (8.2) において $\theta = \pi/2$ で $r = R$，$|d\vec{s}| = Rd\phi$ であるから

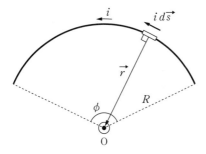

図 8.4　円弧電流がつくる磁場

$$\left|d\vec{B}\right| = \frac{\mu_0}{4\pi}\frac{i\left|d\vec{s}\right|\sin\theta}{r^2} = \frac{\mu_0}{4\pi}\frac{i\left|d\vec{s}\right|\sin\left(\frac{\pi}{2}\right)}{r^2} = \frac{\mu_0}{4\pi}\frac{i\left|d\vec{s}\right|}{R^2} = \frac{\mu_0}{4\pi}\frac{id\phi}{R}$$

$$\tag{8.5}$$

である。よって

$$\left|\vec{B}\right|=\int_0^\phi\left|d\vec{B}\right|=\frac{\mu_0 i}{4\pi R}\int_0^\phi d\phi=\frac{\mu_0 i}{4\pi R}\left[\phi\right]_0^\phi=\frac{\mu_0 i\phi}{4\pi R} \tag{8.6}$$

が中心 O の磁場の大きさである。これより，半径 R の円電流 i が円の中心に
つくる磁場は，$\phi=2\pi$ であるから

$$\left|\vec{B}\right|=\frac{\mu_0 i 2\pi}{4\pi R}=\frac{\mu_0 i}{2R} \tag{8.7}$$

である。

なお，円弧状の導線の両端は何にも接続されておらず，一方の端から突然電
流が発生し，もう一方の端で突然電流が消えている。これは非現実的な事例と
誤解されることが多いが，この事例は，導線全体の一部である円弧状の導線部
に流れる電流がつくる磁場を求めているのである。

【例題 8.2】

図 8.5 に示すように，半径 R の 4 分の 1 円とその両側につながる半直線（無
限長）の導体に電流 i が流れている。半径 R の導線の中心 O に生ずる磁場 $\vec{B}$
を求めよ。

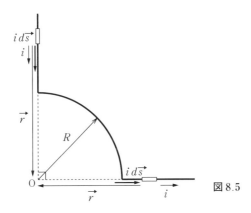

図 8.5

<解答>
半直線上では，式 (8.2) の電流素 $i\vec{ds}$ と距離ベクトル $\vec{r}$ は平行であり，$\theta=0$ であ

る。したがって $d\vec{B}=0$ となり，半直線上の電流は中心 O に磁場は生成しない。よって磁場は，半径 R の 4 分の 1 円を流れる電流の寄与のみである。半径 R の 4 分の 1 円を流れる電流 i が中心 O につくる磁場の大きさは，式 (8.6) で $\phi=\pi/2$ から

$$|\vec{B}| = \frac{\mu_0 i\phi}{4\pi R} = \frac{\mu_0 i\dfrac{\pi}{2}}{4\pi R} = \frac{\mu_0 i}{8\pi}$$

である。磁場 $\vec{B}$ の向きは紙面に垂直で，紙面を表から裏へ貫く向きである。　　　◇

8.3　アンペール（アンペア）の法則—周回積分の法則—

図 8.6 に示すように，電流 i と電流 i′ の流れている二つの電流ループがあり，電流 i が流れているループとのみ「鎖交」している任意のループ L（閉曲線）を考える。鎖交（interlinkage）とは，鎖の輪どうしのように連結している関係のことである。

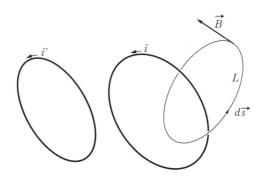

図 8.6　電流ループとそれに鎖交するループ

ここで，ループ L 上の点の磁場 $\vec{B}$ は，電流 i と電流 i′ の両方の寄与によるものであることを注意されたい。そして，ループ L の磁場 $\vec{B}$ の周回線積分について

$$\oint \vec{B} \cdot d\vec{s} = \mu_0 i_{enc} \tag{8.8}$$

の関係が成り立つことが知られている。ここで，i_{enc} はループ L と鎖交している電流のみの合計である（添え字の enc は enclosed，すなわち，ループ L の

内側に含まれているという意味である）。式 (8.8) は，アンペール（アンペア）
の法則（Ampère's law），あるいは，アンペール（アンペア）の周回積分の法
則（Ampère's circuital law）と呼ばれる。なお，本書ではループ L をアンペー
ル・ループと呼ぶこととする。

さらに**図 8.7** は，アンペールの法則で電流 i_{enc} の符号と積分の向きとの関係
を示す図であり，アンペール・ループ L が張る面を紙面としている。いま，
電流 i_3 はアンペール・ループの外なので，$i_{enc}=i_1+i_2$ である。電流 i_1 は紙面を
裏から表に向かう向きであり，その電流がつくる磁場は，図 8.2 から電流 i_1
を中心に左回り（反時計回り）である。一方，電流 i_2 の作る磁場は電流 i_1 の
作る磁場とは逆に右回り（時計回り）である。ここで，図のように $d\vec{s}$ をアン
ペール・ループを左回りに積分する向きにとると，電流 i_1 のつくる磁場の向
きと同じで，電流 i_2 のつくる磁場の向きとは逆である。これから，図のよう
に周回積分の向きをとった場合は，$i_1>0$，$i_2<0$ となる。

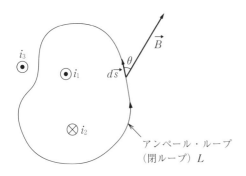

アンペール・ループ
（閉ループ）L

図 8.7 アンペールの法則と電流の符号

式 (8.8) はビオ・サバールの法則から導ける関係であるが，その導出はやや
複雑であり，本書ではその説明は割愛する。しかし，定性的に式 (8.8) を考え
てみよう。**図 8.8** に示すように電流 i_1 を含むアンペール・ループ L と含ま
ないアンペール・ループ L' を考えてみる。電流 i_1 は，図のように左回りの磁場
$\vec{B}$ を生成する。ループ L もループ L' も左回りに積分の向きをとったとき，
ループ L は，一周にわたって $d\vec{s}$ と磁場 $\vec{B}$ は同じ向きである。一方，ループ
L' では，その半分は $d\vec{s}$ と磁場 $\vec{B}$ は同じ向き，半分は逆であり，符号が逆転

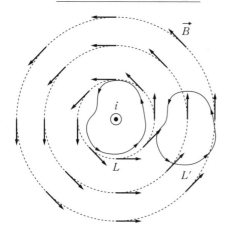

図8.8　アンペールの法則の直感的理解

する。このため $\oint \vec{B} \cdot d\vec{s} = 0$ となり，式 (8.8) には寄与しない。したがって，式 (8.8) の右辺は，ループ内に含まれる電流のみとなる。そして式 (8.4) より $2\pi R|\vec{B}| = \mu_0 i$ であり，ループ L が半径 R の円だとすれば，$2\pi R$ は円周の長さであることから式 (8.8) の右辺が $\mu_0 i_{enc}$ となることも直感的に理解できよう。

8.4　アンペールの法則を用いた磁場の計算

　アンペールの法則は，2章で説明したガウスの法則同様，対象とする電流の対称性が良い場合，容易に磁場を計算することができる。ここでは，その例を示す。

8.4.1　直線電流がつくる磁場

　直線電流がつくる磁場（図8.2）は，すでにビオ・サバールの法則を用いて求めた（8.2.1項）。これをアンペールの法則を使って計算してみよう。**図8.9** は直線電流 i に垂直な面を示していて，電流は紙面の裏から表に向かっている。ここで，アンペール・ループを，直線電流を中心とした半径 R の円とする。アンペール・ループ（円）上の磁場 $\vec{B}$ は，8.2.1項に示したように，円の接線方向で，左回りの向きである。これより，磁場 $\vec{B}$ とアンペール・ルー

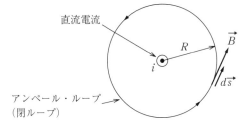

直流電流

R $\vec{B}$

i

$d\vec{s}$

アンペール・ループ
（閉ループ）

図8.9 直線電流と閉ループ

プの積分要素 $d\vec{s}$ とは平行で，向きも同じであるから

$$\vec{B}\cdot d\vec{s}=\left|\vec{B}\right|\left|d\vec{s}\right|\cos\theta=\left|\vec{B}\right|\left|d\vec{s}\right|\cos 0=\left|\vec{B}\right|\left|d\vec{s}\right| \tag{8.9}$$

となり，したがって，式 (8.8) は

$$\oint\vec{B}\cdot d\vec{s}=\oint\left|\vec{B}\right|\left|d\vec{s}\right|=\mu_0 i \tag{8.10}$$

である。さらに，磁場の大きさ $\left|\vec{B}\right|$ はアンペール・ループ上（円周上）で一定であり，$\oint\left|d\vec{s}\right|=2\pi R$ であるから

$$\oint\vec{B}\cdot d\vec{s}=\left|\vec{B}\right|\oint\left|d\vec{s}\right|=2\pi R\left|\vec{B}\right|=\mu_0 i \tag{8.11}$$

である。これより

$$\left|\vec{B}\right|=\frac{\mu_0 i}{2\pi R} \tag{8.12}$$

となり，式 (8.4) と一致する。

このように，アンペールの法則を用いることで，8.2.1 項で示した複雑な積分計算を用いず，簡単に磁場を求めることができる。アンペールの法則は，電場におけるガウスの法則と同様，対象とする電流の対称性が良いときに効果を発揮する。ポイントは，$\oint\vec{B}\cdot d\vec{s}$ の積分計算の外に磁場 $\vec{B}$ を出せることである（ガウスの法則では，積分計算 $\oint\vec{E}\cdot d\vec{A}$ の外に電場 $\vec{E}$ を出すことができた）。

【例題 8.3】

半径 R の直線導線に一様な電流 i が流れている。この直線導線の内外の磁場 $\vec{B}$ を求めよ。

<解答>

　図 8.10 は，直線導線に垂直な断面を示しており，電流 i は紙面裏から表に向かう向きである。導線の外部と内部の磁場 $\vec{B}$ は，その対称性から，導線と同心円（半径 r）上で同じ大きさで左回りとなる。

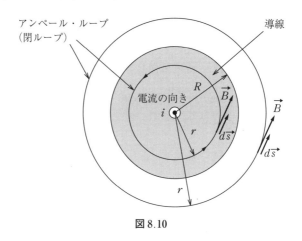

図 8.10

　① 導線外部

導線と同心の半径 r の円をアンペール・ループとすると，8.4.1 項とまったく同じ計算で，磁場の大きさが求められ

$$\left|\vec{B}\right| = \frac{\mu_0 i}{2\pi r}$$

である。

　② 導線内部

導線内部の半径 r の円をアンペール・ループとしたとき，その中に含まれる電流 i_{enc} は

$$i_{enc} = i\frac{\pi r^2}{\pi R^2} = i\frac{r^2}{R^2}$$

である。したがって，導線内部の磁場の大きさは

$$\left|\vec{B}\right| = \frac{\mu_0 i_{enc}}{2\pi r} = \frac{\mu_0}{2\pi r}\frac{r^2}{R^2}i = \left(\frac{\mu_0 i}{2\pi R^2}\right)r$$

である。なお，$r = R$（導線表面）で，上述した導線外部と同じ計算結果となることがわかる。　　　　　　　　　　　　　　　　　　　　　　　　　　　◇

【例題 8.4】

薄い無限に広い平板に電流が単位長さ当り J〔A/m〕で流れている（**図 8.11**）。この電流がつくる磁場 $\vec{B}$ を求めよ。

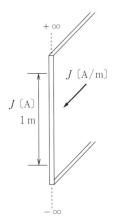

図 8.11

<解答>
薄い平板に流れる電流は，直線電流が一列につながったものと考えることができる。**図 8.12**（a）は，直線電流が一列につながった薄い平板電流の断面を示している（電流は，紙面裏側から表に向かって流れている）。

ここで，薄い平板の断面を y 軸，平板に垂直方向を x 軸として，一つの直線電流（図の y_1 にある直線電流）に着目する。この一つの直線電流は，図のように直線電流を中心として左回りの同心円状の磁場 $\vec{B}_{y1}$ を形成している。一方，y_1 と x 軸について対称な $-y_1$ にある直線電流も直線電流を中心として左回りの同心円状の磁場 $\vec{B}_{-y1}$ を形成している（**図 8.12**（b））。この y_1 と $-y_1$ の位置にある直線電流が x 軸につくる磁場 $\vec{B}_{y1}$ と $\vec{B}_{-y1}$ は，図のように x 軸方向成分では打ち消しあって 0 となり，y 軸の方向の成分では強め合って 2 倍となる。結果として，薄い平板周囲の磁場 $\vec{B}$ は，平板（y 軸）に平行となり，平板の右側で下から上へ，左側では上から下へ向かう向きとなる。

磁場 $\vec{B}$ の向きがわかったところで，磁場 $\vec{B}$ の大きさをアンペールの法則を用いて求めてみよう。アンペール・ループを**図 8.12**（c）に示す辺 a，b，c，d の長方形（辺の長さは L_x と L_y）とし，周回積分の向きを a → b → c → d とする。したがって，

周回積分は各辺の積分の和であり

$$\oint \vec{B} \cdot d\vec{s} = \int_a \vec{B} \cdot d\vec{s} + \int_b \vec{B} \cdot d\vec{s} + \int_c \vec{B} \cdot d\vec{s} + \int_d \vec{B} \cdot d\vec{s}$$

となる。ここで，辺 a と辺 c については，磁場 $\vec{B}$ と積分の向き $d\vec{s}$ が直行している
ため，その積分値は 0 となる。したがって

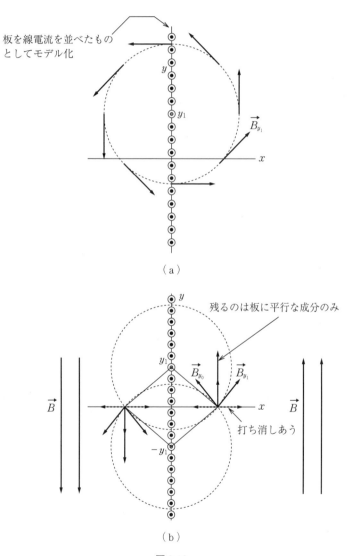

（a）

（b）

図 8.12

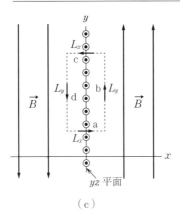

（c）

図 8.12　つづき

$$\oint \vec{B} \cdot d\vec{s} = \int_{b} \vec{B} \cdot d\vec{s} + \int_{d} \vec{B} \cdot d\vec{s}$$

である。さらに，辺 b と辺 d については，磁場 $\vec{B}$ と積分の向き $d\vec{s}$ は平行で，かつ，磁場 $\vec{B}$ の大きさは一定であるから

$$\oint \vec{B} \cdot d\vec{s} = |\vec{B}| \int_{b} d\vec{s} + |\vec{B}| \int_{d} d\vec{s} = |\vec{B}| L_y + |\vec{B}| L_y = 2|\vec{B}| L_y$$

と計算できる。一方，アンペール・ループ内の電流 i_{enc} は

$$i_{enc} = L_y J$$

であり，したがって

$$\oint \vec{B} \cdot d\vec{s} = 2|\vec{B}| L_y = \mu_0 L_y J$$

であるから，磁場の大きさは

$$|\vec{B}| = \frac{\mu_0 J}{2}$$

である。　　　　　　　　　　　　　　　　　　　　　　　◇

8.4.2　ソレノイドコイルに流れる電流がつくる磁場

導線を中心軸方向に巻いた構造は，ソレノイドコイル（solenoid coil）（略してソレノイド）と呼ばれる。無限長の長さで，単位長さ当り n 回巻いたソレノイドに電流 i が流れているときの磁場 $\vec{B}$ を求めてみよう。

まず，ソレノイドの内部の磁場について考えてみる。図 8.13 は，ソレノイドの軸を含む断面を示しており，ソレノイドの軸より上半分の電流は，紙面裏

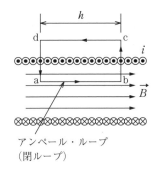

アンペール・ループ
（閉ループ）

図8.13　ソレノイドの内部の磁場

側から表に向かう向きに流れ，軸より下半分の電流は，紙面表から裏に向きに流れている。したがって，上半分の電流については，図8.9のように導線を中心として左回りの磁場が形成されている。一方，下半分の電流については，逆に右回りの磁場が形成されている。例題8.4からわかるように，一列に並んだ電流がつくる磁場 $\vec{B}$ は列に平行となる。そして，上半分と下半分の電流のつくる磁場の向きは，ソレノイド内部では同じ向きになり強め合う。したがって，ソレノイドの内部に発生する磁場の方向はソレノイドの軸と平行となり，その向きは，図8.13の場合，左から右へ向かう。

アンペール・ループを図8.13の点a, b, c, d を結ぶ長方形として，磁場 $\vec{B}$ の大きさを求めてみよう。例題8.4と同様に，辺b-cと辺d-aは磁場と直交しているので，磁場 $\vec{B}$ との内積は0であり，周回積分には寄与しない。したがって

$$\oint \vec{B} \cdot \vec{ds} = \int_a^b \vec{B} \cdot \vec{ds} + \int_b^c \vec{B} \cdot \vec{ds} + \int_c^d \vec{B} \cdot \vec{ds} + \int_d^a \vec{B} \cdot \vec{ds}$$

$$= \int_a^b \vec{B} \cdot \vec{ds} + \int_c^d \vec{B} \cdot \vec{ds} \tag{8.13}$$

である。

ここで，ソレノイド外部について考えてみよう。外部については，ソレノイドの内部とは逆に，ソレノイドの上半分の電流がつくる磁場の向きと下半分の電流がつくる磁場の向きが逆になる。そして，例題8.4の結果で，磁場の大きさが電流からの距離によらないことから考えて，両磁場の大きさは等しい。し

たがって，向きが逆で大きさが同じ磁場の和となるため，ソレノイドの外部には磁場が生じないことがわかる。

　これより，ソレノイドの外部の積分（式 (8.13) の右辺第 2 項）は 0 となる。そして，ソレノイド内部の磁場の大きさは一定なので，辺 ab の長さを h として式 (8.13) は

$$\oint \vec{B} \cdot d\vec{s} = \int_a^b \vec{B} \cdot d\vec{s} = h \left| \vec{B} \right| \tag{8.14}$$

と計算できる。一方，アンペール・ループ内の電流 i_{enc} は単位長さ当り導線が n 回巻かれていることから

$$i_{enc} = nhi \tag{8.15}$$

である。よって

$$h \left| \vec{B} \right| = \mu_0 i_{enc} = \mu_0 nhi \tag{8.16}$$

であり，したがって，ソレノイド内部の磁場は

$$\left| \vec{B} \right| = \mu_0 ni \tag{8.17}$$

である。

8.5　磁場におけるガウスの法則

　前章から本章にかけて，磁場の説明をしてきた。ここで，電場で導いたガウスの法則を磁場に適用することを考えてみよう。前章では，磁石のモデルとして，微小な磁気双極子，あるいは，微小な電流ループを考えた。いずれも，その磁場 $\vec{B}$ は，**図 8.14** に示すように，磁気双極子や電流ループから発生して，同じ電気双極子や電流ループに戻ってくる。また，導線を流れる電流 i がつくる磁場 $\vec{B}$ も，導線の周りを同心円状に形成される。

　これより，磁場には，電場とは異なり，湧き出し口と吸い込み口がないことが理解できよう。1 章の 1.2.4 項で導入した電気力線と同様に，磁力線を考えると，磁力線はループ状になる。この空間に任意の閉曲面（ガウス面）A を考えて，電場と同様にガウス面全体にわたって面積分を計算した場合，図に示

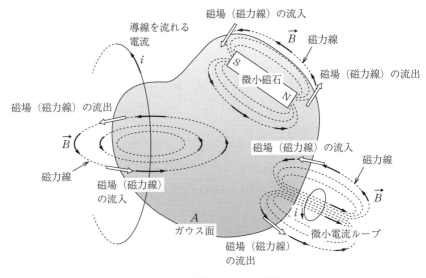

図 8.14 磁場のガウスの法則

すように，ガウス面から出ていった磁場（磁力線[†]）は，必ず，またガウス面
内に戻ってくる。したがって，磁場のガウスの法則は

$$\oint_A \vec{B} \cdot d\vec{A} = 0 \tag{8.18}$$

となる。

演 習 問 題

【8.1】

半径 a の円形導線ループに電流 I が流れている（**問図 8.1**）。円形導線ループの中
心軸上で中心 O からの距離 z の点 P の磁場 $\vec{B}$ を求めよ。

---

† 電気力線（1.2.3項）と同様に，磁場に対して磁力線を描くことができる。

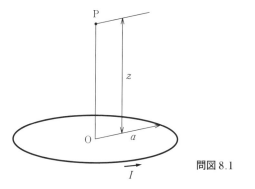

問図 8.1

【8.2】
　問図 8.2 に示すように二つの無限半直線導線 Ⅰ とⅢの先に半径 a の半円形導線ルー
プⅡが接続されており，電流 I が流れている。半円形導線ループの中心 O の磁場 $\vec{B}$
を求めよ。

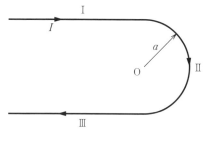

問図 8.2

【8.3】
　問図 8.3 に示すように，直線導線の途中に半径 a の円形導線ループが接続されて
おり，電流 I が流れている。円形導線ループの中心 O の磁場 $\vec{B}$ を求めよ。

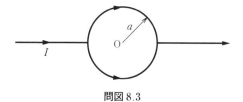

問図 8.3

【8.4】

問図 8.4 に示すように，半径 a の無限長円柱導体があり，その内部には中心軸が d だけずれた半径 b の円筒穴が空いている（図は円柱導体の断面を示している）。この導体に，中心軸に沿って単位面積当り J の電流が流れているとき，円筒穴に生ずる磁場 $\vec{B}$ を求めよ。

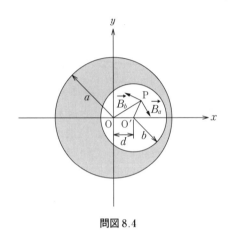

問図 8.4

誘導とインダクタンス

　前章では，電流によって磁場が生成されることを学んだ。さらに，この逆の現象，すなわち，磁場により電流が発生するという現象が実験によりわかった。4章で学んだように，電流は電場によって発生する。磁場によって発生する電流は誘導電流と呼ばれ，誘導電流を流す力は誘導起電力と呼ばれる。本章ではこの誘導現象について解説する。

　さらに，誘導現象を利用した電気回路素子がインダクタ[†]であり，その誘導起電力と誘導電流の関係を結び付ける物理量がインダクタンスである。

　インダクタは，4章で学んだコンデンサ，そして，5章で学んだ抵抗器（抵抗）とあわせて，三つの重要な電気・電子回路素子である。本章では，このインダクタとインダクタンスについても解説する。

9.1　ファラデーの法則とレンツの法則

9.1.1　磁　　　　束

　図 9.1（a）に示すように，導線ループに磁石を近づけたり遠ざけたりすると，導線ループに電流 i が流れる（電流の流れを検知する検流計が反応する）。そして，磁石が導線ループに対して静止しているときは，電流は流れない。また，図（a）の磁石の代わりに，図（b）に示すようにスイッチと電池をつないだ導線ループを置き，スイッチをオン・オフすると，その瞬間にだけ電流が流れる。

　これは，導線ループを貫く磁場 $\vec{B}$ が変化している間だけ，導線ループに電

---

† 　コイルとも呼ばれる。

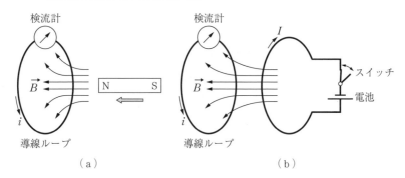

検流計

$\vec{B}$

i

導線ループ

N   S

（a）

検流計

$\vec{B}$

i

導線ループ

I

スイッチ

電池

（b）

図 9.1 磁場の変化による電流

流が流れる（電流が誘導される）現象であり，この電流は誘導電流（induced current）と呼ばれ，さらに，この誘導電流を流すために導線ループ内の電荷に発生した力は誘導起電力（induced electromotive force）と呼ばれる。この誘導起電力と磁場の関係を定式化した法則がファラデーの法則（Faraday's law）[†1] である。

さて，ファラデーの法則を説明する前に，**図 9.2** に示すように空間に任意のループを考え，これを貫く磁場の総量として磁束 Φ_B

$$\Phi_B = \oint_A \vec{B} \cdot d\vec{A} \tag{9.1}$$

を導入（定義）する。上式の磁場 $\vec{B}$ はループが張る面の 1 点の磁場であり，$d\vec{A}$ はその点の微小面積ベクトルである。そして，積分は，ループが張る面積 A に対して行う[†2]。磁束の単位は磁場の単位が〔T〕（テスラ）であることか

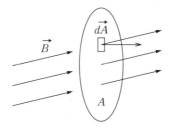

$\vec{B}$

$\vec{dA}$

A

図 9.2 磁束の定義

---

†1 「ファラデーの電磁誘導の法則」，あるいは「電磁誘導の法則」とも呼ばれる。
†2 Φ_B が磁束であることから，$\vec{B}$ を磁束密度とも呼ぶことの理由が，これで理解できるであろう。

ら，〔Tm^2〕であり，これを新たに〔Tm^2〕=〔Wb〕と表記し，ウェーバと呼ぶ。

9.1.2 ファラデーの法則とレンツの法則

図 9.1 に示した実験的事実から，磁束の時間変化 $d\Phi_B/dt$ によって導線ループに誘導電流が流れ，その電流量は $d\Phi_B/dt$ に比例することがわかっている。すなわち，電流を流す力となった誘導起電力を V_i とすれば

$$V_i \propto \frac{d\Phi_B}{dt} \tag{9.2}$$

と表すことができる†。

起電力 V_i は，5 章で説明した電池（電源）と同じように電流を流す源であるから，その単位を電池と同じ電位差（電圧）とすれば，〔$\mathrm{Nm/C}$〕である。一方，$d\Phi_B/dt$ の単位は〔Tm^2〕=〔$\mathrm{Nm^2/C \cdot (m/s) \cdot s}$〕=〔$\mathrm{Nm/C}$〕であり，$V_i$ の単位と一致する。したがって，符号を除いて定式化すれば（大きさだけから定式化すれば）

$$V_i = \left| \frac{d\Phi_B}{dt} \right| \tag{9.3}$$

と表すことができる。

さらに，起電力 V_i の向き，すなわち，起電力 V_i によって流れる電流（誘導電流）の向きは，それによって発生する磁場が，磁束 Φ_B の変化を打ち消す向きとなることがわかっている。これは，**図 9.3（a）**に示すように外部磁場 $\vec{B}$ が増える場合は，その増加を打ち消す向きの磁場 $\vec{B}_i$ を発生するように電流 i が流れる。また，図（b）に示すように外部磁場 $\vec{B}$ が減る場合は，その減少を打ち消す向きの磁場 $\vec{B}_i$ を発生するように電流 i が流れる。この起電力 V_i の向き（誘導電流の向き）についての法則をレンツの法則（Lenz's law）と呼ぶ。

これよりファラデーの法則は，レンツの法則（起電力 V_i の向き）を含めて

---

† 導線ループに電流が流れれば，その電流によって導線ループ自体に発生する磁束も Φ_B に繰り込まなければならない（この現象は，後述する自己誘導である）。しかし，一般に導線ループの電気抵抗は大きく，導線ループに流れる電流は小さいので自己誘導によって発生する磁束は小さく，この影響は無視する。

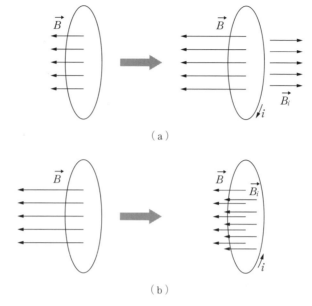

（a）

（b）

図9.3 レンツの法則

$$V_i = -\frac{d\Phi_B}{dt} \tag{9.4}$$

と定式化できる。右辺の負符号はレンツの法則を示している。ここで，式
(9.4) の正負の関係は，Φ_B の増減（式 (9.4) の $d\Phi_B$）が，もし導線ループ自
体に流れる電流により発生したと仮定した場合，その電流を流す起電力の向き
を正としている†。実際は，この増減を打ち消す向きに導線ループに電流が流
れるように起電力が発生するので，負符号が付くことになる。

　なお，図9.1〜図9.3は，ループの巻き数は1回であるが，これが N 回巻
かれている場合は，磁束 Φ_B はトータルで $N\Phi_B$ となる。したがって，N 回巻
きのループのファラデーの法則は

$$V_i = -N\frac{d\Phi_B}{dt} \tag{9.5}$$

と表される。

---

† 論文，書籍によっては，負符号を省いて $V_i = d\Phi_B/dt$ と記しているものもある。

【例題 9.1】

図 9.4（a）に示すように，磁極 N と S によってつくられた磁場 $\vec{B}$ の中に長方形の導線ループを置く（$\overline{AB} = \overline{CD} = a$，$\overline{AD} = \overline{BC} = b$）。図（b）は，導電ループを上から見た図である。導電ループは，図のように軸 O（辺 AD と辺 BC の中心を結ぶ軸）を中心に回転することができ，この中心軸は磁場 $\vec{B}$ に対して垂直である。ここで，導線ループが中心軸回りに角速度 ω で回転するとき，

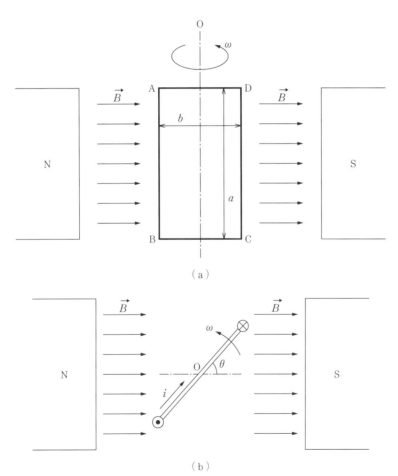

（a）

（b）

図 9.4

導線ループに発生する起電力 V_i を求めよ。

<解答>

　導線ループを上から見た図9.4（b）より，導線ループを貫く正味の磁場 $\vec{B}$ の大きさは，$|\vec{B}|\sin\theta = |\vec{B}|\sin\omega t$ である。したがって，導線ループを貫く磁束 Φ_B は $\Phi_B = ab|\vec{B}|\sin\theta = ab|\vec{B}|\sin\omega t$ であり，これより，導線ループに発生する起電力 V_i は

$$V_i = -\frac{d\Phi_B}{dt} = -ab|\vec{B}|\frac{d\sin\omega t}{dt} = -ab\omega|\vec{B}|\cos\omega t$$

と計算できる。　　　　　　　　　　　　　　　　　　　　　　　　　　　　◇

　電流と磁場の関係や誘導現象を利用した機器は数多くあるが，その中でも最も代表的なものは「モータ」と「発電機」であろう。本書では，これらについて，11.2節と11.3節で詳しく説明する。また，「マイクロフォン」や「スピーカ」もこれらの現象を利用した身近な技術であり，11.4節で説明する。

9.1.3　誘導と座標系

　図9.1（a）では，導線ループが静止していて，磁石が動くことによって導線ループを貫く磁場（磁束）が変化した。つまり，導線ループが静止している観測系（導電ループ静止系）で観測された現象である。もし，磁石に沿って動く観測系で観測したらどうなるであろう。この場合，磁場は静止し，導線ループが動くこと，すなわち，導線ループ内の電荷（電子）が動くことになる（磁場静止系）。したがって，7.2.1項で説明したローレンツ力が荷電粒子（電子）に働き，荷電粒子が移動する。すなわち，このローレンツ力が源となってファラデーの法則と同じ大きさの起電力が発生し，導線ループに電流が流れる。

　例題9.1は，磁場は変化せず，導線ループが動く観測系であり，上記の説明の後者（磁場静止系）になる。しかし，これを導線ループ静止系と見たて，ファラデーの法則を用いて解いている（導線ループから見たとき，磁場が $|\vec{B}|\sin\omega t$ で変化すると見ている）。したがって，例題9.1は，磁場静止系のまま，ローレンツ力によって解くこともできる。

【例題 9.2】

例題 9.1 を磁場静止系のまま，ローレンツ力によって解け。

＜解答＞

回転する導線ループ内の電荷（電子）の速度を $\vec{v}$ とすると，電荷にはローレンツ力 $\vec{F}_B = q\vec{v} \times B$ が働く。ここで速度 $\vec{v}$ は，**図 9.5** に示すように，導線ループの回転円の接線方向となる。これより，$\vec{v}$ と $\vec{B}$ の方向から，辺 $\overline{AD}$ と辺 $\overline{BC}$ 内の導線の電荷に発生するローレンツ力は，導線と直角方向（導線の表面に垂直な方向で，導線の長さ方向ではない）となり電流を流す起電力とはならない。

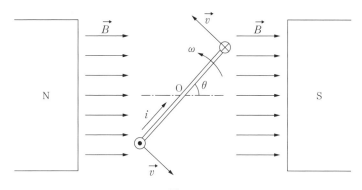

図 9.5

一方，辺 $\overline{AB}$ と $\overline{CD}$ の中の電荷に働くローレンツ力 $\vec{F}_B$ は導線の長さ方向となり，これがループに流れる電流の起電力となる。そして，この電荷の位置の電場は $\vec{E} = \vec{F}_B/q$ と計算できる（q は，電子の電荷量）。よって，$|\vec{v}| = (b/2)\omega$ であることから辺 $\overline{AB}$ と辺 $\overline{CD}$ の電場の大きさは，それぞれ

$$\left|\vec{E}\right| = \left|\vec{v} \times \vec{B}\right| = -\left|\vec{v}\right| \times \left|\vec{B}\right|\cos\theta = -\frac{b}{2}\omega\left|\vec{B}\right|\cos\omega t$$

であり，したがって，起電力は

$$V_i = \oint \vec{E} \cdot d\vec{s} = \int_A^B \vec{E} \cdot d\vec{s} + \int_B^C \vec{E} \cdot d\vec{s} + \int_C^D \vec{E} \cdot d\vec{s} + \int_D^A \vec{E} \cdot d\vec{s}$$

$$= \int_A^B \vec{E} \cdot d\vec{s} + \int_C^D \vec{E} \cdot d\vec{s} = -\frac{b}{2}\omega\left|\vec{B}\right|\cos\omega t(\overline{AB} + \overline{CD})$$

$$= -\frac{b}{2}\omega\left|\vec{B}\right|\cos\omega t \times 2a = -ab\omega\left|\vec{B}\right|\cos\omega t$$

となり，例題 9.1 と一致する。 ◇

9.2 誘 導 電 場

9.2.1 誘導起電力の本質

誘導電流も4章で解説した電流と同様に電荷の移動であるから，電場 $\vec{E}$ によって電荷に力が発生し電荷が移動したと考えることができる。では，導線ループがあったから，磁束 Φ_B の変化によって電場 $\vec{E}$ が発生したのであろうか（導線ループがなかったら電場 $\vec{E}$ は発生しないのであろうか）。じつは，これはまったく逆で，磁束の変化によって電場 $\vec{E}$ が発生し，そこに導線ループがあったことでループ内の電荷に力が働き，電流が発生したのである。

すなわち，磁束 Φ_B の変化，つまり磁場 $\vec{B}$ の変化によって電場 $\vec{E}$ が発生したことがファラデーの法則の本質である。磁場 $\vec{B}$ の変化によって発生した（誘導された）電場は誘導電場（induced electric field）と呼ばれる。これより，例えば，空中で磁石を振ると磁石の周りの磁場が変化し，電場が発生するのである。

誘導起電力 V_i が電荷を動かすエネルギーの源であるならば，導線ループの微小経路を $\vec{ds}$ として，$\vec{E}\cdot\vec{ds}$ の経路積分によって V_i が求められるはずである。実際にこの推論は正しく，図 9.6 に示す任意の経路に沿った周回積分について

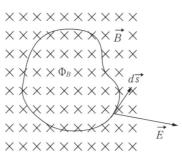

図 9.6 誘導電場とファラデーの法則

$$\oint \vec{E} \cdot d\vec{s} = -\frac{d\Phi_B}{dt} \tag{9.6}$$

であることがわかっている。これがファラデーの法則の再定式化であり，その本質を示している。そして，この任意の経路（仮想上のループ）に実体としての導線ループを置くと，その電荷に電場 $\vec{E}$ が作用し

$$V_i = \oint \vec{E} \cdot d\vec{s} \tag{9.7}$$

なる起電力で誘導電流が流れるのである。

9.2.2 クーロン電場と誘導電場

3章で解説したように，電荷がつくる電場（クーロン電場）の周回積分 $\oint \vec{E} \cdot d\vec{s}$ は，式 (3.16) に示すとおり，$\oint \vec{E} \cdot d\vec{s} = 0$ であった（クーロン電場は保存場であった）。しかし，誘導電場による周回積分は 0 にはならず，その値が起電力 V_i となる（保存場ではない）。したがって，誘導電場には 3 章で学んだ電位を定義することはできない。

クーロン電場と誘導電場には上記の違いがある。クーロン電場は，**図 9.7**（a）に示すように電荷から湧き出し，吸い込まれる「放射」状の電場である。これに対し誘導電場は，図（b）に示すように，「渦（回転）」状の閉ループ（始点と終点がない曲線）を形成する電場である。

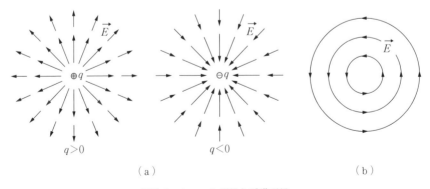

（a）　　　　　　　　　　　　（b）

図 9.7　クーロン電場と誘導電場

9.2.3 渦　電　流

導線円ループ内を貫く磁束が変化すると，導線円ループには誘導電流が流れることはすでに学んだ。それでは，導線円ループを導体円板に替えたらどのような電流が流れるであろうか（**図 9.8**）。導線ループの場合は，ループに沿ってしか電子は動くことができないが，導体円板の場合は，電子は円板内を自由に移動することができる。

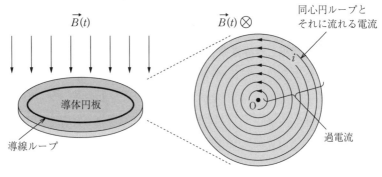

図 9.8　渦　電　流

　この問題を誘導電場から出発して考えると，磁束が，導体円板上の各場所にどのような誘導電場を発生するかを調べる必要がある。しかし，誘導電流の観点で考えれば，「導体円板の場合も，外部磁束の変化を打ち消すような磁場を発生する電流が流れる」と考えることができる。そして，図のように，導体円板を半径の異なった導線円ループを束ねたものとモデル化すれば，半径の異なったそれぞれの導線円ループに誘導電流が流れることが想像できよう[†]。つまり，半径が少しずつ異なった円周に沿った電流が同じ向きに渦状に流れ，ループ電流全体で外部磁場を打ち消す磁場を発生することになる。実際に導体円板には，渦状の電流が流れることが確認されている。この電流は渦電流（eddy current）と呼ばれる（フーコー（Foucault）電流とも呼ばれる）。

　なお，任意形状の導体にどのような渦の電流が流れるかは，導体の各点での

[†]　導体円板にある程度の厚さがあるのであれば，導線円ループを厚さ方向にも束ねたモデルを考えればよい。

誘導電場を求めた上，導体の境界条件を含めて計算する必要がある。

　一般家庭に広く普及しつつある「電磁加熱調理器（induction heating cooker, IH cooker）」は，渦電流を利用した最も身近な機器の一つである。電磁加熱調理器については，11.5 節で解説する。

9.2.4　表 皮 効 果

　導線を流れる電流が時間変化する場合，電流は導線の中心より表面を多く流れるという現象が発生する。この現象は，表皮効果（skin effect）と呼ばれる。表皮効果は,誘導電場がその原因であり,**図9.9**を用いて説明することができる。

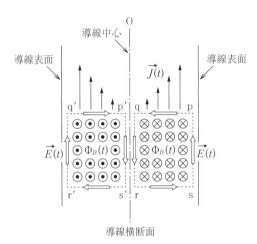

図9.9　表 皮 効 果

　図は導線の横断面を示していて，変化する電流（電流密度 $\vec{J}(t)$）が下から上に流れている。導線内部には，中心軸 O の周りに同心円状に磁場が発生しており（例題8.3），閉ループ pqrs と p′q′r′s′ を貫く磁束を $\Phi_B(t)$ とすると，閉ループに沿って図に示す誘導電場 $\vec{E}(t)$ が発生する。$\vec{E}(t)$ は，導線表面側では，電流密度 $\vec{J}(t)$ の向きと同じであるが，導線中心側では，電流の向きと逆となる。したがって，電流は導線表面付近を多く流れることとなる。そして，この効果は，電流の時間変化が急峻であるほど（交流電流であれば，その周波数が高いほど）強くなる。

9.3 インダクタンス

8.4.2項でソレノイドがつくる磁場について解説した。ソレノイドは，巻き数 n を増やすことによって，強い磁場を生成することができる。このため，さまざまな利用がなされている。そしてソレノイドは，磁場を生成するだけではなく，本節で説明する自己誘導，相互誘導という性質を利用した主要な電気・電子回路部品の一つでもある。本節は，ソレノイドの示す自己誘導，相互誘導と電子部品としての性質について解説する。なお，ソレノイドは，電気・電子回路部品として用いる場合，一般的にインダクタ（inductor），あるいはコイル（coil）と呼ばれる。本書では，以降，インダクタと呼ぶ。

9.3.1 自己誘導と自己インダクタンス

図 9.10 に示す回路を考えてみよう。電圧 V の電池とインダクタ 1 の間には抵抗値 R を変化できる抵抗器（可変抵抗器）が接続されている。インダクタ 1 には電流 i が流れているので，インダクタ 1 の内部には磁場が発生し，したがって，磁束 Φ_{BL} が生成されている（ここでは，インダクタの巻き数を含めてトータルな磁束を Φ_{BL} としている）。

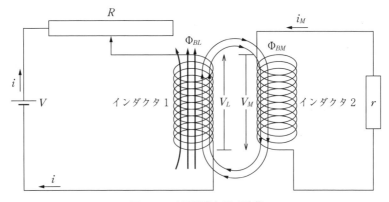

図 9.10 自己誘導と相互誘導

8.4.2項で示したように, インダクタ内部の磁場は電流iに比例する。した
がって, 磁束Φ_{BL}もiに比例するので, この比例定数を

$$L = \frac{\Phi_{BL}}{i} \tag{9.8}$$

と表し, これをインダクタンス (inductance) と呼ぶ。また, 後述する相互イ
ンダクタンス (mutual inductance) と区別するために, 自己インダクタンス
(self inductance) と呼ぶこともある。インダクタンスの単位は$[T \cdot m^2/A]$で
あり, これをあらためて$[H]$と表記し, ヘンリーと読む。

ここで, 抵抗値Rを変化させた場合, 電流iが時間変化するので, 磁束Φ_{BL}
も時間とともに変化する。したがって, 磁束の時間変化により, ファラデーの
法則 (式 (9.4)) からインダクタ1に起電力V_Lが発生する。9.1節で示した
ファラデーの法則は, 外部磁場の変化から発見された法則であったが, 自分自
身が発生した磁場の変化によってもファラデーの法則が成り立つ。この現象は
自己誘導 (self induction) と呼ばれ, 発生した起電力は自己誘導起電力 (self
induced electromotive force) と呼ばれる。自己誘導起電力は, 自ら発生した
磁場の変化を妨げるように自ら発生した起電力である。

そして, 式 (9.8) を式 (9.4) に代入することで

$$V_L = -L \frac{di}{dt} \tag{9.9}$$

の関係があることがわかる。インダクタ1は, 本式に示されるように, 電流の
時間変化を阻止する方向に電圧を発生する素子であり, その電圧の大きさは,
インダクタンスLと電流iの時間変化量に比例する。

9.3.2 相互誘導と相互インダクタンス

さらに, 図9.10に示すように, インダクタ1の近くにインダクタ2がある
ことを考えてみよう。この場合, インダクタ1で発生した磁束Φ_{BL}の一部が

インダクタ2を貫く（磁束がインダクタ2と鎖交する）[†]。この場合，この磁束を Φ_{BM} とすれば，磁束 Φ_{BM} も i に比例するので，この比例定数

$$M = \frac{\Phi_{BM}}{i} \tag{9.10}$$

を相互インダクタンスと呼ぶ。そして，電流 i が時間変化すれば Φ_{BM} も時間変化するので，インダクタ2にも誘導起電力

$$V_M = -M\frac{di}{dt} \tag{9.11}$$

が発生する。この誘導現象は，前項の自己誘導に対して相互誘導（mutual induction）と呼ばれ，この起電力は相互誘導起電力（mutual induced electromotive force）と呼ばれる。

そして，相互誘導起電力 V_M は，式 (9.9) と式 (9.11) から

$$\frac{V_M}{V_L} = \frac{M}{L} \quad \Rightarrow \quad V_M = \frac{M}{L}V_L \tag{9.12}$$

であり，自己インダクタンスと相互インダクタンスの比と自己誘導起電力から相互起電力を決めることができる。そして，この関係を用いることで電圧を V_L から V_M に変換することができる。これが，変圧器（トランスフォーマ）の原理である。

インダクタは，コンデンサや抵抗器とならび，電気回路学でも最初に学ぶ，最も重要で基本的な回路素子の一つである。また，変圧器も電気回路で学ぶ重要な回路素子であり，それぞれの回路記号を**図9.11**に示す。

なお，図9.10においてインダクタ2に起電力が生じて電流が流れると，その電流によって，インダクタ2にも自己誘導起電力が発生するとともに，インダクタ1に対して逆に相互誘導起電力を発生するようになる。いま，あらためて，

インダクタ1を貫く磁束と電流，起電力：$\Phi_1,\ I_1,\ V_1$

インダクタ2を貫く磁束と電流，起電力：$\Phi_2,\ I_2,\ V_2$

---

† 8.4.2項では，インダクタ（ソレノイド）の長さは無限長とした。このため，インダクタの外部磁場は0となる。一方，インダクタ1と2は有限長であり，インダクタ1の一つの端から，もう一方の端に向う外部磁場が発生する。

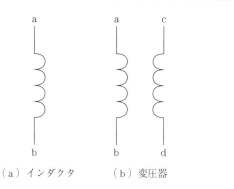

（a）インダクタ　　　（b）変圧器

図 9.11　インダクタと変圧器の回路記号

インダクタ 1 の自己インダクタンス：L_1

インダクタ 2 の自己インダクタンス：L_2

インダクタ 1 からインダクタ 2 への相互インダクタンス：M_{21}

インダクタ 2 からインダクタ 1 への相互インダクタンス：M_{12}

とすれば

$$\Phi_{B1} = L_1 I_1 + M_{12} I_2$$

$$\Phi_{B2} = M_{21} I_1 + L_2 I_2$$

であり

$$
\begin{aligned}
V_1 &= -\frac{d\Phi_{B1}}{dt} = -L_1 \frac{dI_1}{dt} - M_{12} \frac{dI_2}{dt} \\
V_2 &= -\frac{d\Phi_{B2}}{dt} = -M_{21} \frac{dI_1}{dt} - L_2 \frac{dI_2}{dt}
\end{aligned}
\tag{9.13}
$$

となる。ここで，$M_{21} = M_{12}$ である。インダクタが N 個あれば，上式は，$N \times N$ 行列となる。

演　習　問　題

【9.1】

　問図 9.1 に示すように，間隔 l の平行導線の左側に抵抗器（抵抗 R）が接続され，右側には平行導線の上をこれらに接触しながらスライドできる導体棒がある。導線

と抵抗器，および導体棒でつくられる長方形ループが一様な磁場 $\vec{B}$（紙面に垂直で，紙面表から裏に向けた向き）の中にあり，導体棒が一定の速さ $\vec{v}$ で右に移動している。このとき

(1) 長方形ループに発生する起電力をファラデーの法則により求めよ。

(2) 抵抗 R で消費される電力を求めよ。

(3) 導体棒を移動するのに必要な仕事率（単位時間当りの仕事）を求めよ。

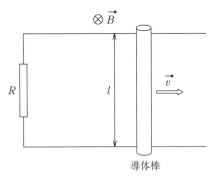

問図 9.1

【9.2】

　演習問題 9.1 で示した系で，抵抗器と導線を取り除き，導体棒だけを同様な磁場中で同じ速さで移動させる（**問図 9.2**）。このとき，導体棒に発生する電圧をローレンツ力から計算し，演習問題 9.1 との関係を示せ。

問図 9.2

【9.3】

　問図 9.3 に示すように，1 辺の長さが l，巻き数 N の正方形コイルがあり，その相隣り合う 2 辺を x，y とする。磁場 $|\vec{B}| = a \sin \pi x \cdot \sin \pi y \cdot \sin(2\pi ft)$ が面に垂直な方向にあるとき，コイルに生ずる起電力を求めよ。なお，f は周波数である。

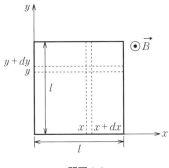

問図 9.3

【9.4】

　問図 9.4 に示すように，導体軸に固定された半径 a の導体円板が各速度 ω で回転している。これに抵抗 R の抵抗器を導線で接続する。接続点 P，Q は導体ブラシなどによって接触（しゅう動接触）しており，回転を妨げずに導体と導線が接続している。このとき，導体円板の中心 O と点 P の間には電圧 V_{PO} が発生する。この現象を単極誘導と呼ぶ。単極誘導によって発生する電圧 V_{PO} を求め，抵抗器に流れる電流 I を求めよ。

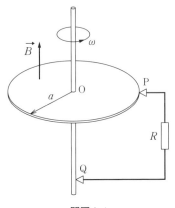

問図 9.4

【9.5】

電圧 V で充電した静電容量 C のコンデンサとインダクタンスが L のインダクタを問図 9.5 のように接続し，$t=0$ でスイッチを入れた。その後の電流 $i(t)$ とコンデンサの両極間の電圧 $v(t)$ の変化を求めよ。

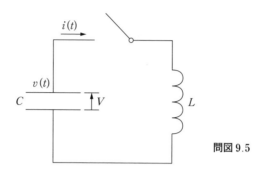

問図 9.5

10

マクスウェル方程式と電磁波

これまで，電荷とその流れ（電流）が電場と磁場を介してどのように結び付いているかを解説してきた。そして，本章で述べる「変位電流」をこれらの法則に加えることで，これまで示してきた「場」の法則は四つの方程式によって統一的にまとめることができる。この四つの方程式をまとめてマクスウェル方程式（Maxwell's equations）と呼ぶ。本章では，はじめにマクスウェル方程式について解説する。

さらに，マクスウェル方程式の解から電磁波が導出されることを示す。電磁波は，その名のとおり空間を伝搬する「波」であり，これに画像や音声などの情報をのせることで地球上はもちろん，宇宙空間との情報通信が可能となる。電磁気学の基礎は，電荷から始まって，この電磁波を理解することで完結する。

10.1　変位電流とアンペールの法則の拡張

10.1.1　変　位　電　流

8.3 節でアンペールの法則（式 (8.8)）を学んだ。ここで，図 8.6 の電流 i が流れているループの途中にコンデンサがある場合を考えてみよう（**図 10.1 (a)**）。この場合，コンデンサの充電・放電が終っていれば電流 i は流れないが，充電と放電の途中では電流 i が流れる。電流 i が流れているとき，アンペール・ループ L が電流 i が流れている導線と鎖交していれば，当然，アンペールの法則は成り立つ。

しかし，コンデンサの電極間にアンペール・ループ L' をとった場合，このループに鎖交する導線はなく，当然，電流は流れていないので，アンペールの

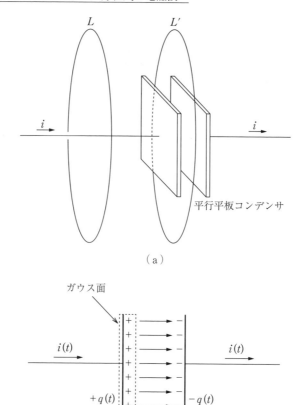

（a）

（b）

図 10.1 平行平板コンデンサと変位電流

法則は成り立たない。しかし，つぎのようにコンデンサの電極間にも仮想的な電流が流れると考えると，アンペールの法則は，実際には電流が流れていないループ L' についても成り立つことがわかっている。

　平行平板コンデンサについては，4.3.1 項（図 4.5）で学んだが，ここで，この平行平板コンデンサの電極に溜まった電荷量が時間とともに変化すること（コンデンサが充電と放電を行っている途中）を考えてみよう。図 10.1（b）は，平行平板コンデンサ（面積 A）を横から見た図で，電流 $i(t)$ が時間ととも

に変化し，したがって電荷 $\pm q(t)$ も時間とともに変化している。

ここで，図に示すように片方の電極を包むガウス面を考え，ガウスの法則を適用すると

$$q(t)=\varepsilon_0 A\left|\vec{E}(t)\right| \tag{10.1}$$

が求められる。そして，電流と電荷の関係 $i=dq(t)/dt$（式 (5.6)）より

$$\frac{dq(t)}{dt}=i=\varepsilon_0 A\frac{d\left|\vec{E}(t)\right|}{dt} \tag{10.2}$$

が導ける。さらに，極板 A の面積を貫く電場束 Φ は式 (2.5)[†1] より

$$\Phi_E(t)=\left|\vec{E}(t)\right|A \tag{10.3}$$

であることから，式 (10.2) は

$$i=\varepsilon_0\frac{d\Phi_E(t)}{dt} \tag{10.4}$$

と表記できる。式 (10.4) は，コンデンサ電極間の電場束（電場）が時間とともに変化する場合，その変化量に ε_0 を乗じた値が電流 i とみなせることを示している。もちろん，コンデンサ電極間に実際の電流が流れることはなく，これは仮想的な電流である。この仮想的な電流を変位電流（displacement current）と呼ぶ[†2]。そして，この電流 i がコンデンサの電極間の空間にも流れていると考えれば，電流 i は，コンデンサの電極間の空間も含めて連続した量として扱うことができる。

なお，変位電流の周りにも磁場が発生し，変位電流が時間変化した場合，この磁場も時間変化する。磁場が時間変化した場合，ファラデーの法則により，電場が誘導される。したがって，この誘導電場によって式 (10.1) の $\vec{E}(t)$ も変化するが，その効果は小さいものとして，繰り込んでいない。

[†1] 電場のある空間で，ある面を貫く電場の量を電場束と呼ぶことは 2.1.2 項（ガウスの法則の導出）で学んだ。ガウスの法則の面は閉曲面であるが，一般的な面であっても電場束は定義でき，これは，9.1.1 項の磁束と同じ考え方である。

[†2] 変位電流に対して，これまで解説してきた実際の電流を伝導電流（conduction current）とも呼ぶ。

10.1.2 アンペールの法則の拡張—アンペール・マクスウェルの法則—

変位電流を加えることで，8.3節で説明したアンペールの法則は，以下のように拡張することができる。

$$\oint \vec{B} \cdot d\vec{s} = \mu_0 i_{enc} + \mu_0 \varepsilon_0 \frac{d\Phi_E}{dt} \tag{10.5}$$

右辺の第2項が，新たに加えた変位電流による項である。これにより，図10.1（a）に示すループ L については，右辺第1項が有限な値を持ち，第2項が0となる。一方，ループ L' については，右辺第1項が0となり，第2項が有限な値を持つので，コンデンサを含む導線についてもアンペールの法則を適用することができる。この拡張されたアンペールの法則をアンペール・マクスウェルの法則と呼ぶ。

10.2　マクスウェル方程式[†]

10.2.1　積分形式によるマクスウェル方程式

電荷によって発生する電場（クーロン電場）の本質は，正の電荷から湧き出し，負の電荷に吸い込まれること，すなわち，始点である湧き出し口と終点である吸い込み口があることである。一方，磁場の本質は，単極磁荷は存在しないため，始点と終点がなく，ループ状に生成されることである。この本質を示した法則が式 (2.5) と式 (8.18) で表される電場と磁場のガウスの法則である。

【電場と磁場の基本式】

$$\oint_A \vec{E} \cdot d\vec{A} = \frac{q_{enc}}{\varepsilon_0} \tag{2.5 より}$$

$$\oint_A \vec{B} \cdot d\vec{A} = 0 \tag{8.18 再掲}$$

したがって，上式が電場と磁場の基本式となる（ただし，誘電体と磁性体を除く）。

[†] 誘電体と磁性体以外の場所を仮定する。

アンペール・マクスウェルの法則（式 (10.5)）をファラデーの法則の再定式化（式 (9.6)）と比べると，興味深い関係があることがわかる。式 (9.6) では，磁束（磁場）の時間変化が電場を誘導した（誘導電場）。これと対比して，式 (10.5) の左辺と右辺第 2 項の関係は，電場束（電場）の時間変化が磁場を誘導していることがわかる。これは，誘導磁場（induced magnetic field）と呼ばれる。つまり，電場と磁場の時間変化が，それぞれ磁場と電場を誘導しているという対称的な関係にあることがわかる

【電場と磁場の関係式】

$$\oint \vec{E} \cdot d\vec{s} = -\frac{d\phi}{dt} = -\oint \frac{d\vec{B}}{dt} \cdot d\vec{A} \qquad \text{(9.6 より)}$$

$$\oint \vec{B} \cdot d\vec{s} = \mu_0 i_{enc} + \mu_0 \varepsilon_0 \frac{d\Phi_E}{dt} = \mu_0 i_{enc} + \mu_0 \varepsilon_0 \oint_A \frac{d\vec{E}}{dt} \cdot d\vec{A} \qquad (10.6)$$

以上の電場と磁場の二つの基本式と二つの関係式，計四つの方程式をまとめてマクスウェル方程式（Maxwell's equations）と呼ぶ。マクスウェル方程式は，電磁現象の基本法則を表しており，これまで解説してきた電荷と電流，電場，磁場の関係のまとめといってよい。

なお，本書では，誘電体と磁性体については定性的な説明にとどめた。このため，以上のマクスウェル方程式は，これまでの本書での説明の範囲で，誘電体と磁性体以外の場所を対象としたマクスウェル方程式であることを注意されたい。

10.2.2 微分形式による真空中のマクスウェル方程式

本章の目的の一つは，電磁波について解説することである。電磁波とは，電場と磁場がたがいに誘導し合いながら波として伝わる現象である。本章では，空間（真空中）での電磁波を考える。真空中，すなわち，電荷と電流がない（$q_{enc}=0$, $i_{enc}=0$）空間におけるマクスウェル方程式はつぎのように表される。

第 1 式　＜電場のガウスの法則＞

$$\oint_A \vec{E} \cdot d\vec{A} = 0 \qquad (10.7)$$

第2式　＜磁場のガウスの法則＞

$$\oint_A \vec{B} \cdot d\vec{A} = 0 \tag{10.8}$$

第3式　＜ファラデーの法則＞

$$\oint \vec{E} \cdot d\vec{s} = -\frac{d\Phi_B}{dt} = -\oint \frac{d\vec{B}}{dt} \cdot d\vec{A} \tag{10.9}$$

第4式　＜アンペール・マクスウェルの法則＞

$$\oint \vec{B} \cdot d\vec{s} = \mu_0 \varepsilon_0 \frac{d\Phi_E}{dt} = \mu_0 \varepsilon_0 \oint \frac{d\vec{E}}{dt} \cdot d\vec{A} \tag{10.10}$$

そして，第1式と第2式を，非常に小さな，ほぼ点とみなせる閉曲面（ガウス曲面）に当てはめる。また，第3式と第4式を，非常に小さな，ほぼ点とみなせる閉曲線とその閉曲線が張る面積に対して当てはめる。その結果，以下の偏微分方程式がそれぞれ対応して導出される[†]。これが，微分形式によるマクスウェル方程式である。

第1式　＜電場のガウスの法則＞

$$\frac{\partial E_x}{\partial x} + \frac{\partial E_y}{\partial y} + \frac{\partial E_z}{\partial z} = 0 \tag{10.11}$$

第2式　＜磁場のガウスの法則＞

$$\frac{\partial B_x}{\partial x} + \frac{\partial B_y}{\partial y} + \frac{\partial B_z}{\partial z} = 0 \tag{10.12}$$

第3式　＜ファラデーの法則＞

$$\frac{\partial E_z}{\partial y} - \frac{\partial E_y}{\partial z} = -\frac{\partial B_x}{\partial t} \tag{10.13}$$

$$\frac{\partial E_x}{\partial z} - \frac{\partial E_z}{\partial x} = -\frac{\partial B_y}{\partial t} \tag{10.14}$$

$$\frac{\partial E_y}{\partial x} - \frac{\partial E_x}{\partial y} = -\frac{\partial B_z}{\partial t} \tag{10.15}$$

[†]　ここでは，導出の過程の詳細説明は割愛する。

第4式 ＜アンペール・マクスウェルの法則＞

$$\frac{\partial B_z}{\partial y} - \frac{\partial B_y}{\partial z} = \mu_0 \varepsilon_0 \frac{\partial E_x}{\partial t} \tag{10.16}$$

$$\frac{\partial B_x}{\partial z} - \frac{\partial B_z}{\partial x} = \mu_0 \varepsilon_0 \frac{\partial E_y}{\partial t} \tag{10.17}$$

$$\frac{\partial B_y}{\partial x} - \frac{\partial B_x}{\partial y} = \mu_0 \varepsilon_0 \frac{\partial E_z}{\partial t} \tag{10.18}$$

10.2.3 発散と回転，およびベクトル演算子を用いた表記

第1式から第4式は，それぞれ

$$\mathrm{div}\,\vec{E} = 0 \quad \text{または} \quad \nabla \cdot \vec{E} = 0 \tag{10.19}$$

$$\mathrm{div}\,\vec{E} = 0 \quad \text{または} \quad \nabla \cdot \vec{E} = 0 \tag{10.20}$$

$$\mathrm{rot}\,\vec{E} = -\frac{\partial \vec{B}}{\partial t} \quad \text{または} \quad \nabla \times \vec{E} = -\frac{\partial \vec{B}}{\partial t} \tag{10.21}$$

$$\mathrm{rot}\,\vec{B} = \mu_0 \varepsilon \frac{\partial \vec{E}}{\partial t} \quad \text{または} \quad \nabla \times \vec{B} = \mu_0 \varepsilon \frac{\partial \vec{E}}{\partial t} \tag{10.22}$$

とも表記される。ここで，ベクトル場[†]の中の任意のベクトル $\vec{A}(x, y, z)$ に対して div $\vec{A}$ は，「$\vec{A}$ の発散（divergence）」と呼び，その定義は

$$\mathrm{div}\,\vec{A} = \frac{\partial A_x}{\partial x} + \frac{\partial A_y}{\partial y} + \frac{\partial A_z}{\partial z} \tag{10.23}$$

であり，rot $\vec{A}$ は「$\vec{A}$ の回転（rotation）」と呼び，その定義は，$\vec{i}, \vec{j}, \vec{k}$ を x, y, z 方向の単位ベクトルとすると

$$\mathrm{rot}\,\vec{A} = \left(\frac{\partial A_z}{\partial y} - \frac{\partial A_y}{\partial z}\right)\vec{i} + \left(\frac{\partial A_x}{\partial z} - \frac{\partial A_z}{\partial x}\right)\vec{j} + \left(\frac{\partial A_y}{\partial x} - \frac{\partial A_x}{\partial y}\right)\vec{k} \tag{10.24}$$

である。また，∇（ナブラ）は

$$\nabla = \vec{i}\,\frac{\partial}{\partial x} + \vec{j}\,\frac{\partial}{\partial y} + \vec{k}\,\frac{\partial}{\partial z} \tag{10.25}$$

で定義されるベクトル（ベクトル演算子）であり，∇ と $\vec{A}$ との内積 $\nabla \cdot \vec{A}$ は

---

† 空間の各点にベクトルが写像された空間

div $\overrightarrow{A}$ と等しく，外積 $\nabla \times \overrightarrow{A}$ は rot $\overrightarrow{A}$ と等しくなる[†1]。

10.3　電　磁　波

10.3.1　電場と磁場の波動方程式

微分形式によるガウスの法則，式 (10.11) 〜 (10.18) は，これらをたがいの関係を使って式変形することにより，以下の微分方程式が得られる[†2]。

$$\frac{\partial^2 E_x}{\partial x^2} + \frac{\partial^2 E_x}{\partial y^2} + \frac{\partial^2 E_x}{\partial z^2} = \mu_0 \varepsilon_0 \frac{\partial^2 E_x}{\partial t^2} \tag{10.26}$$

$$\frac{\partial^2 E_y}{\partial x^2} + \frac{\partial^2 E_y}{\partial y^2} + \frac{\partial^2 E_y}{\partial z^2} = \mu_0 \varepsilon_0 \frac{\partial^2 E_y}{\partial t^2} \tag{10.27}$$

$$\frac{\partial^2 E_z}{\partial x^2} + \frac{\partial^2 E_z}{\partial y^2} + \frac{\partial^2 E_z}{\partial z^2} = \mu_0 \varepsilon_0 \frac{\partial^2 E_z}{\partial t^2} \tag{10.28}$$

$$\frac{\partial^2 B_x}{\partial x^2} + \frac{\partial^2 B_x}{\partial y^2} + \frac{\partial^2 B_x}{\partial z^2} = \mu_0 \varepsilon_0 \frac{\partial^2 B_x}{\partial t^2} \tag{10.29}$$

$$\frac{\partial^2 B_y}{\partial x^2} + \frac{\partial^2 B_y}{\partial y^2} + \frac{\partial^2 B_y}{\partial z^2} = \mu_0 \varepsilon_0 \frac{\partial^2 B_y}{\partial t^2} \tag{10.30}$$

$$\frac{\partial^2 B_z}{\partial x^2} + \frac{\partial^2 B_z}{\partial y^2} + \frac{\partial^2 B_z}{\partial z^2} = \mu_0 \varepsilon_0 \frac{\partial^2 B_z}{\partial t^2} \tag{10.31}$$

一般に，空間と時間を変数とする関数 $\varphi(x, y, z, t)$ についての偏微分方程式

$$\frac{\partial^2 \varphi}{\partial x^2} + \frac{\partial^2 \varphi}{\partial y^2} + \frac{\partial^2 \varphi}{\partial z^2} = \frac{1}{v^2} \frac{\partial^2 \varphi}{\partial t^2} \tag{10.32}$$

を波動法的式（wave equation）と呼ぶ（v は定数）。波動方程式は，その名のとおり波を表す偏微分方程式であり，次項で解析するように v は波の伝搬速度である。したがって，式 (10.26) 〜 (10.31) は，電場と磁場のベクトルの各

[†1]　∇ を用いれば，3 章で説明した勾配ベクトルも
$$\mathrm{grad}\, f = \nabla f = \left\{ \frac{\partial f(x, y, z)}{\partial x}, \frac{\partial f(x, y, z)}{\partial y}, \frac{\partial f(x, y, z)}{\partial z} \right\}$$ と表せる。したがって，
$-\nabla V = -\mathrm{grad}\, V = (E_x, E_y, E_z) = \overrightarrow{E}$ である。
[†2]　ここでは，導出の過程の詳細説明は割愛する。

成分に対する波動方程式を示している。

10.3.2 一般的な 1 次元波動方程式の解

ここで，わかりやすくするために，1 次元空間での関数 $\varphi(x, t)$ についての波動方程式

$$\frac{\partial^2 \varphi}{\partial x^2} = \frac{1}{v^2} \frac{\partial^2 \varphi}{\partial t^2} \tag{10.33}$$

を考えてみよう。この偏微分方程式の一般解は，$f,\ g$ を x と t で 2 階微分可能な任意の関数として

$$\varphi(x, t) = f(x - vt) + g(x + vt) \tag{10.34}$$

で与えられる[†]（これが一般解であることは，本式を式 (10.33) に代入することで，簡単に確かめることができるであろう）。

いま，$f(x - vt)$ の $t = 0$ のときの形状が，**図 10.2** の中段の図であるとすると，Δt 秒前と Δt 秒後の形状は，$t = 0$ のときの形状をそれぞれ x 軸の負方向，正方向に $v\Delta t$ だけ移動した形状と等しくなる。すなわち $f(x - vt)$ は，その形を変えずに，時間とともに x 軸の負方向から正方向に，速度 v で移動していくことを表している。

これは，日常，われわれが目にする波の伝わり（例えば，水面の波の伝わ

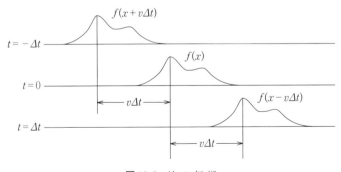

図 10.2 波 の 伝 搬

---

† この一般解をダランベールの解と呼ぶ。

り）を数学的に示している。このことから，式 (10.32)，式 (10.33) は，波動方程式と呼ばれている。なお，$f(x-vt)$ が進行波であるのに対して，$g(x+vt)$ は，x 軸の正方向から負方向に移動するので，後退波を表している。

10.3.3　電場と磁場の 1 次元波動方程式の解

電場と磁場の各方向成分 $E_x(x,y,z,t)$，$E_y(x,y,z,t)$，$E_z(x,y,z,t)$，$B_x(x,y,z,t)$，$B_y(x,y,z,t)$，$B_z(x,y,z,t)$ は，それぞれ，3 次元の波動方程式の解，すなわち，波である。ここでは，それぞれが z と t のみの関数とした場合，つまり，$E_x(z,t)$，$E_y(z,t)$，$E_z(z,t)$，$B_x(z,t)$，$B_y(z,t)$，$B_z(z,t)$ として 1 次元の波動方程式

$$\frac{\partial^2 E_x}{\partial z^2} = \mu_0 \varepsilon_0 \frac{\partial^2 E_x}{\partial t^2} \tag{10.35}$$

$$\frac{\partial^2 E_y}{\partial z^2} = \mu_0 \varepsilon_0 \frac{\partial^2 E_y}{\partial t^2} \tag{10.36}$$

$$\frac{\partial^2 E_z}{\partial z^2} = \mu_0 \varepsilon_0 \frac{\partial^2 E_z}{\partial t^2} \tag{10.37}$$

$$\frac{\partial^2 B_x}{\partial z^2} = \mu_0 \varepsilon_0 \frac{\partial^2 B_x}{\partial t^2} \tag{10.38}$$

$$\frac{\partial^2 B_y}{\partial z^2} = \mu_0 \varepsilon_0 \frac{\partial^2 B_y}{\partial t^2} \tag{10.39}$$

$$\frac{\partial^2 B_z}{\partial z^2} = \mu_0 \varepsilon_0 \frac{\partial^2 B_z}{\partial t^2} \tag{10.40}$$

を考えてみよう。

　上式は z と t の関数であるので，x-y 平面に平行な任意の平面上では，電場 $\vec{E}$ と磁場 $\vec{B}$ はすべて同じであることを示している。一般に 3 次元空間を伝わる波について，波がそろって伝わる面，すなわち，波の位相が等しい点を連ねた面を波面と呼び，波面が平面であるものを平面波と呼ぶ。上記の $E_x(z,t)$ 〜 $B_z(z,t)$ は平面波であり，その波面は x-y 平面に平行である。電磁波を考える上で基本となるのは平面波である。

　ここで，式 (10.11) と式 (10.12)，および式 (10.15) と式 (10.18) から，式 (10.37) と式 (10.40) については，大きさが一様な静電場と静磁場の解 ($E_z =$ $B_z = $ 一定) しかないことが示せる。したがって，波の成分は，$E_x(z, t)$，$E_y(z,$ $t)$，$B_x(z, t)$，$B_y(z, t)$ だけであることがわかる。つまり，式 (10.35)，式 (10.36)，式 (10.38)，式 (10.39) を解けばよい。そして，この四つの式と式 (10.13)，式 (10.14)，式 (10.16)，式 (10.17) の関係から

$$E_x(z, t) = f_1\left(z - \frac{1}{\sqrt{\mu_0 \varepsilon_0}}\, t\right) + g_1\left(z + \frac{1}{\sqrt{\mu_0 \varepsilon_0}}\, t\right) \tag{10.41}$$

$$B_y(z, t) = \sqrt{\mu_0 \varepsilon_0}\left(f_1\left(z - \frac{1}{\sqrt{\mu_0 \varepsilon_0}}\, t\right) - g_1\left(z + \frac{1}{\sqrt{\mu_0 \varepsilon_0}}\, t\right)\right) \tag{10.42}$$

$$E_y(z, t) = f_2\left(z - \frac{1}{\sqrt{\mu_0 \varepsilon_0}}\, t\right) + g_2\left(z + \frac{1}{\sqrt{\mu_0 \varepsilon_0}}\, t\right) \tag{10.43}$$

$$B_x(z, t) = \sqrt{\mu_0 \varepsilon_0}\left\{-f_2\left(z - \frac{1}{\sqrt{\mu_0 \varepsilon_0}}\, t\right) + g_2\left(z + \frac{1}{\sqrt{\mu_0 \varepsilon_0}}\, t\right)\right\} \tag{10.44}$$

が得られる。これより，$E_x(z, t)$ と $B_y(z, t)$，および，$B_x(z, t)$ と $E_y(z, t)$ は，それぞれ同じ関数，f_1 と g_1，および，f_2 と g_2 で表されるペアとなった一般的な進行波と後退波（波動方程式の解）であることがわかる。そして，$1/\sqrt{\mu_0 \varepsilon_0}\ (=v)$ がその伝搬速度である。

10.3.4　電磁波の導出

　前項で，電場と磁場が波動として伝わることを示すことができた。すでに，「電場 $\vec{E}$ と磁場 $\vec{B}$ はたがいに相手を誘導しながら空間を伝わっていく」と説明した。これは，式 (10.41) 〜 (10.44) に示されるように，$E_x(z, t)$ と $B_y(z, t)$ は f_1 と g_1 によって表され，$E_y(z, t)$ と $B_x(z, t)$ は f_2 と g_2 で表されることから理解できよう。すなわち，**図 10.3** に示すように，直交した $E_x(z, t)$ と $B_y(z, t)$ のペアは，たがいに相手を誘導しながら f_1 と g_1 という波の形で伝搬する。同様に，直交した $E_y(z, t)$ と $B_x(z, t)$ のペアは，たがいに相手を誘導しながら f_2 と g_2 という波の形で伝搬する。これが電磁波である。電磁波は，電場 $\vec{E}$ から磁

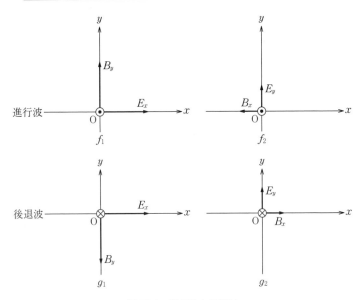

図 10.3　進行波と後退波

場 $\vec{B}$ に右ネジの進む向きに伝搬していることがわかる（$\vec{E}$ から $\vec{B}$ へ右ネジを回すと，進行波 f_1 と f_2 は紙面裏から表へ，後退波 g_1 と g_2 は表から裏へ進むことがわかる）。

　なお，以上は電場と磁場を x 成分 $E_x(z, t)$，$B_x(z, t)$ と y 成分 $E_y(z, t)$，$B_y(z, t)$ に分けて説明したが，これらの伝搬速度 $1/\sqrt{\mu_0 \varepsilon_0}$ はすべて同じであり，実際は，$\vec{E} = (E_x(z, t), E_y(z, t))$ と $\vec{B} = (B_x(z, t), B_y(z, t))$ が伝搬する。そして，$\vec{E}$ と $\vec{B}$ も直交していることが示される（例題 10.2）。

　本節で導出した電磁波は，x-y 平面に平行な面のみに電場と磁場が存在し，それが z 方向に進行または後退する波，すなわち，横波である。これは，電磁的横波（transverse electromagnetic wave，TEM wave）と呼ばれる。

【例題 10.1】

　真空中の誘電率 ε_0 と透磁率 μ_0 の値は

$$\varepsilon_0 = 8.854\,187\,82 \times 10^{-12}\,\mathrm{F/m}, \quad \mu_0 = 1.256\,637\,06 \times 10^{-6}\,\mathrm{H/m}$$

である。これより，電場，磁場の伝搬速度を求めよ。

<解答>

$$\frac{1}{\sqrt{\mu_0 \varepsilon_0}} = \frac{1}{\sqrt{8.854\,187\,82 \times 10^{-12} \times 1.256\,637\,06 \times 10^{-6}}} = 3.00 \times 10^8 \, \text{m/s}$$

であり，これは光速である。　　　　　　　　　　　　　　　　　　　　◇

【例題 10.2】

10.3.4 項で解説した合成電場 $\vec{E} = (E_x(z, t), E_y(z, t))$ と合成磁場 $\vec{B} = (B_x(z, t), B_y(z, t))$ は直交していることを示せ。

<解答>

進行波を対象として考える（後退波も同様となる）。x 軸の単位ベクトルを $\vec{e}_x$，y 軸の単位ベクトルを $\vec{e}_y$ とすると

$$\vec{E} = f_1 \vec{e}_x + f_2 \vec{e}_y, \quad \vec{B} = \sqrt{\mu_0 \varepsilon_0}\left(-f_2 \vec{e}_x + f_1 \vec{e}_y\right)$$

である。両者の内積を計算すると

$$\vec{E} \cdot \vec{B} = \sqrt{\mu_0 \varepsilon_0}\left(f_1 \vec{e}_x + f_2 \vec{e}_y\right) \cdot \left(-f_2 \vec{e}_x + f_1 \vec{e}_y\right) = \sqrt{\mu_0 \varepsilon_0}\left(-f_1 f_2 + f_1 f_2\right) = 0$$

よって，電場と磁場は直交している。　　　　　　　　　　　　　　　　◇

10.4　電磁波の利用

　前節までの議論で，電場と磁場の時間変化があると，それが電場⇔磁場の連鎖を起こして波として空間を伝わっていくことが理解できたであろう。そして，電荷の動きは原子レベルで自然に生じており，したがって，電場と磁場の変化が起こり，電磁波が放出される[†]。つまり，多くの物質からは電磁波が自然に放出されており，地球上はもちろん，他の天体から放出された電磁波も地球に届いている。

　そして波は，式 (10.34) で表せることを示したが，物質から自然に放出され

[†]　電磁波の「放出」を電磁波の周波数によっては，「放射」，または「輻射」と呼ぶことがある。

る電磁波から次項で説明する人工的な電磁波まで，ほぼすべての電磁波は，電荷の周期的な振動によって生じている。したがって，実際の電磁波は，波の中でも正弦波 $\sin(2\pi x/\lambda \pm \omega t + \phi)$ （λ：波長，ω：角周波数，ϕ：位相）を基本として表すことができる。

　電磁波はその周波数により，利用の仕方やわれわれへの影響なども異なってくる。電磁波の中でも，周波数が 3 THz（3×10^{12} Hz）以下の電磁波は電波と呼ばれており，この電波に情報を載せることで無線通信が実現している。X 線や γ 線も電磁波であり，医療や非破壊検査などはじめさまざまな分野で利用されている。光も電磁波であり，われわれは $4\sim 8\times10^{14}$ Hz の電磁波（可視光）を見ている。

　電磁波の利用の詳細については本書の範囲を超えるが，ここでは，電波を用いた情報伝達，すなわち，無線通信について，その概念に触れておく。また，電磁波と静磁場を統合的に応用した技術としては，医療用の診断装置である「MRI（核磁気共鳴画像）」がある。これについては，11.6 節で解説する。

10.4.1　電波の送信と受信

　電波を用いた情報伝達の基本は，まず，基本となる周波数 f_0 の電波を空中に放出（送信）することである。送信回路として古くから用いられている手法は，**図 10.4**（a）に示すようにコンデンサ C とインダクタ L からなる回路を基本とする回路である（これは，発信回路と呼ばれる）。この回路は，演習問題 9.5 で示した回路であり，その電流と電圧が $\sin(t/\sqrt{LC})$，$\cos(t/\sqrt{LC})$ で変化する。すなわち，$f_0 = \omega/2\pi = 1/2\pi\sqrt{LC}$ で振動する正弦波，余弦波が電磁波となって空中に放出される。

　アンテナは，送信回路のエネルギーを効率良く電磁波として空中に放出するための導線である。図に示すアンテナはダイポールアンテナと呼ばれ，導線の長さを電磁波の波長 λ に対して $\lambda/2$（$=\lambda/4+\lambda/4$）にすることで，最も効率良く電磁波を空中に放出できる。

　受信側のアンテナの電荷は，電磁波によって振動し，電流（信号）を発生す

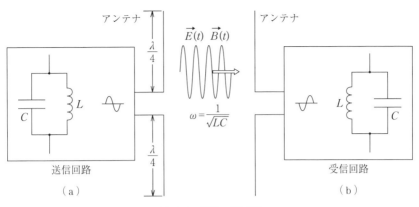

図 10.4 電波の送受信

る。ここで，空中にはさまざまな周波数の電磁波が伝搬しているため，特定の周波数 f_0 の電波のみを検出する必要がある。これにも，送信側と同じコンデンサ C とインダクタ L からなる回路（受信側では，同調回路と呼ばれる）を用いることができる（図 10.4（b））。同調回路は，周波数 f_0 で共振し，その信号を検出している。

10.4.2 変 調 と 復 調

図 10.4 に示す回路だけでは，周波数 f_0 の電波が送受信されただけで，情報が伝達されていない。送信側では，この電波に情報を載せ，受信側では電波から情報を取り出す必要がある。この処理は，それぞれ，変調，復調と呼ばれる（合わせて，変復調と呼ばれる）。

変調にはさまざまな方法があるが，ここでは最も基本的な変調の一つである振幅変調の概念について説明する（変調を行う電気回路は，変調回路と呼ばれる）。例えば，音声信号（アナログ信号）を考えてみよう（**図 10.5**（a））。音声の周波数は，$f = 250 \, \text{Hz} \sim 4 \, \text{kHz}$ 程度である。この音声信号（図中 ①）の振幅強度に合わせて，図 10.4 で示した周波数 f_0 の信号（図中 ②）の振幅を変化させる。これが変調波信号（図中 ③）であり，この変調波信号をアンテナから電波（変調波）として空中に放出することで情報を送信することができ

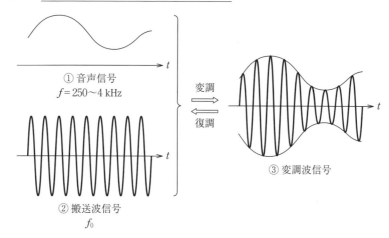

（a）振幅変調（AM 変調）

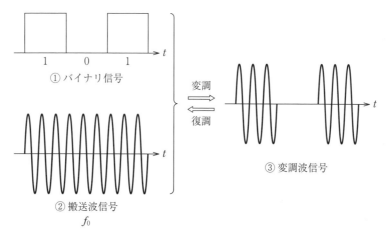

（b）振幅変調

図 10.5　変調と復調の例

る。周波数 f_0 の信号（図中 ②）は，搬送波信号と呼ばれ，f_0 は，100 kHz 以上が広く用いられている。一方，受信側のアンテナでは変調波信号を受け，復調回路によって変調波信号から音声信号（情報）を取り出す。アナログ通信の分野では，この振幅変調を AM（amplitude modulation）と呼ぶことが多い。

　ディジタル信号を用いた場合も同様に，図 10.5（b）に示すように，バイナリ信号（図中 ①）から変調波信号（図中 ③）を生成することができる。ディジタル無線通信の分野では，振幅変調を ASK（amplitude shift keying）と呼ぶ。

　なお，近年では，集積回路技術の向上により，高速な A-D 変換器（A-D コンバータ，analog-to-digital converter）や D-A 変換器（D-A コンバータ，digital-to-analog converter），ディジタル信号プロセッサ（digital signal processor，DSP）が開発されており，これらを用いることにより，変復調回路の多くが，ディジタルサンプリングを基本とした回路で実現できるようになっている。この技術は，ソフトウェアラジオと呼ばれている。

演 習 問 題

【10.1】
　静電容量が C の平行平板コンデンサ（電極面積は S，電極間隔は d とする）がある。このコンデンサの両極板に $V = V_0 \cos \omega t$ の交流電圧をかけた。このとき，コンデンサ電極間に発生する変位電流 I を求めよ。

【10.2】
　微分形式のマクスウェル方程式（式（10.11）～（10.18））を，積分形式のマクスウェル方程式（10.2.1 項）から導出せよ。

【10.3】
　微分形式のマクスウェル方程式（式（10.11）～（10.18））から波動方程式（式（10.26）～（10.31））を導出せよ。

【10.4】
　1 次元の波動方程式（式（10.35）～（10.40））から，$E_z(z, t)$，$B_z(z, t)$ の波としての解は存在しないこと，さらに，$E_x(z, t)$，$E_y(z, t)$，$B_x(z, t)$，$B_y(z, t)$ の解が式（10.41）～（10.44）となることを示せ。

【10.5】

電場 $E_z(x, t)$ の波動方程式

$$\frac{\partial^2 E_z}{\partial x^2} = \mu_0 \varepsilon_0 \frac{\partial^2 E_z}{\partial t^2} \quad (0 \leq t, 0 \leq x)$$

において，$x = 0$ の点で電場が正弦波 $E_z(0, t) = A \sin \omega t$ で振動する（境界条件）とき，この方程式の解を求めよ。

【10.6】

スマートフォンや無線 LAN などの電磁波の搬送波（10.4.2 項）には，数百 MHz から約 4 GHz の正弦波が用いられている。搬送波の周波数が 1 GHz のときの真空中での波長 λ を求めよ。

【10.7】

電磁波には，その周波数によってさまざまな分類がある。どのような分類（名称）があるか調べよ。

応用技術その2

　6章以降，電磁気学の後半では，磁場と誘導現象，そして電磁波を中心とした現象や法則について説明した。本章では，これらの現象や法則を用いたいくつかの応用技術について解説する。

11.1　磁気ディスク装置

　磁気ディスク装置[†]は，大容量情報記録装置として，個人のパソコンからデータセンタの巨大サーバまで，情報化社会を支える重要技術の一つである。

　図 11.1（a）に磁気ディスク装置の基本構成を示す。プラッタと呼ばれる円盤がディジタル情報を記録する媒体であり，アルミ基板の表面に磁性体薄膜を形成した構造である。そして，この磁性体薄膜は微小磁石柱の集合体で構成されていて，そのプラッタ表面での1辺は約 10 nm 以下である。この微小磁石柱が1ビットの情報を蓄えていて，その磁極の向きによって，「0」または，「1」を表す。すなわち，微小磁石柱のプラッタ表面での面積が小さいほど，大容量な情報記録ができる。この磁極の向きを検出することが情報の読み出しであり，外部から磁極の向きを変えることが情報の書き込みである。この情報の読み出しと書き込みは，スイングアームの先端にある磁気ヘッドによって行われる（詳細は後述する）。

　プラッタは，スピンドルモータによって毎秒数千回転以上の速度で高速回転

---

†　ハードディスク装置（HDD）とも呼ばれる。

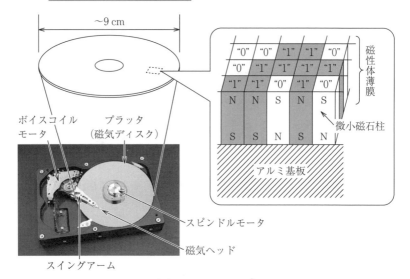

（a）磁気ディスク装置

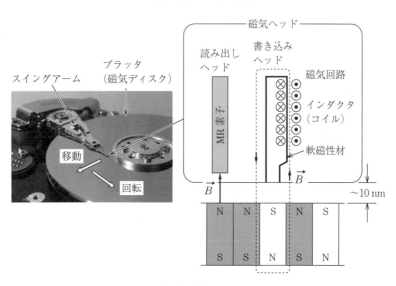

（b）磁気ヘッド

図 11.1　磁気ディスク装置と磁気ヘッド

している。プラッタのサイズには，さまざまなものがあり，その直径が3.5イ
ンチ，2.5インチ，1.6インチのものがよく使用される[†1]。なお，通常，図に
示すプラッタ1枚の両面を記憶用に用いるので，裏側にも磁気ヘッドとスイン
グアームがある。さらに，このプラッタと磁気ヘッド，スイングアームのセッ
トが複数セットあり，これらの複数セットが縦積みされた構成になっており，
記憶容量を増加させている。2016年現在で，2.5インチ磁気ディスク×4プ
ラッタ（両面記録）で約3T（10^{12}）バイト以上の記憶容量が可能になってい
る。

　図11.1（b）に磁気ヘッドの断面構造の概略を示す。磁気ヘッドは，スイン
グアームの先端にあって，スイングアームはプラッタの回転方向に対して垂直
に移動することができる。したがって，磁気ヘッドは，プラッタ上のどの微小
磁石柱の位置にでも移動することができる。

　磁気ヘッドは，情報の書き込みヘッドと読み出しヘッドから構成されてい
る[†2]。書き込みヘッドよる情報の書き込みは，インダクタ（コイル）に電流を
流すことで発生する磁場 $\vec{B}$ により，微小磁石柱を磁化することで行う。磁化
の向き，すなわち「0」か「1」は，インダクタに流す電流の向きによって決定
することができる。軟磁性材は，インダクタによって発生した磁場を効率的に
微小磁石柱に伝えるための磁気回路[†3]を形成している。この磁気回路に沿っ
て，磁場が形成される。

　読み出しは，MR（magnetoresistive）素子によって行う。MR素子は，磁場
中に置かれると，その電気抵抗値が磁場の向き，強さによって変化する素子で
ある[†4]。これにより，微小磁石柱の磁場の向きを検出することで「0」か「1」
を読み出す。

[†1] 1インチ（inch）は2.54 cmである。
[†2] 書き込みヘッドで読み出しを行うこともあるが，現在では，多くの磁気ディスクが
　　読み出しヘッドを別に設けている。
[†3] 磁束（磁場）の流れる通路を磁気回路と呼ぶ。本書では，その説明は割愛した。
[†4] 演習問題7.3に示したホール効果を利用した素子であり，磁場の向きと大きさによ
　　り，荷電粒子の移動の向きと距離が変わり，これを電気抵抗として測定する。

プラッタは高速回転しているので，磁気ヘッドがプラッタに接触すると磁気
ヘッドと磁性体薄膜を破壊する恐れがある。一方，磁気ヘッドと磁性体薄膜の
間の磁場は微弱であるため，できるだけ両者を近づけなければならない。この
ため，プラッタの高速回転による空気の気流を利用して磁気ヘッドを浮上させ
ることでわずか 10 nm 程度の間隙を実現している。これは大型ジェット旅客
機を磁気ヘッド，地面を磁性体面だとすると，大型ジェット旅客機が，地上か
らわずか数 mm 程度の高さを飛行していることに例えられる。

11.2 モ ー タ

モータは，扇風機や掃除機，洗濯機から，エレベータや電車まで，われわれ
の日常生活のあらゆるところで利用されており，われわれの生活はモータがな
ければ成り立たないといっても過言ではない。そして，モータは，本書で解説
した電流と磁場の間に働く力を原理としており，電気エネルギーを機械エネル
ギーに変換し機械を回転させる装置である。

モータの原理を**図 11.2** を用いて説明する。磁石の N 極と S 極の間につくら

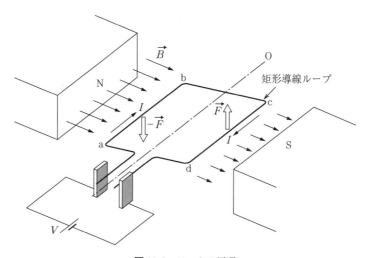

図 11.2　モータの原理

れた磁場 $\vec{B}$ の中に矩形導線ループを置く。矩形導線ループは中心軸 O の周り
に回転できる構造で，かつ，これに電池（電圧 V）をつなぎ電流が流せる構
造である。電流 I が矩形導線ループに流れると，導線の a-b と c-d の部分に，
矩形導線ループを中心軸 O の周りに回転させる力 $\vec{F}$ と $-\vec{F}$ が働く。これが
モータの原理であり，電池の持つエネルギー（電気エネルギー）が矩形導線
ループの回転エネルギー（機械エネルギー）に変換されている。そして，**図
11.3** に示すように，ループの巻き数を増やす（n 回巻きにする）ことで，回
転させる力も増やす（n 倍にする）ことができる。

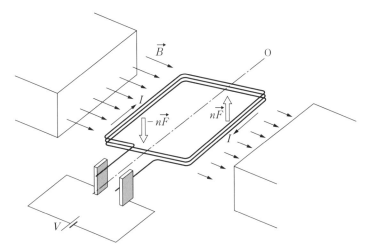

図 11.3 モータの原理（ループ n 回巻き）

　図 11.2 と図 11.3 を原理として，さらに実際のモータに近い構造図を**図
11.4** に示す。図 11.4 では，図 11.3 の巻き数をさらに増やし，図 8.13 で学ん
だソレノイドと同じ形状にしている（巻き数は増えても，巻き方と電流の流れ
る向きは図 11.3 と同じである）。モータでは，固定磁場 $\vec{B}$ をつくる磁石をス
テータと呼び，回転する電流ループ（ソレノイド）をロータと呼ぶ。ロータは
1 本の棒磁石と同じであるので，ステータとロータの異極どうしに引力が働
き，同極どうしに斥力が働くことでロータを回転する力が生まれると解釈する
こともできる。

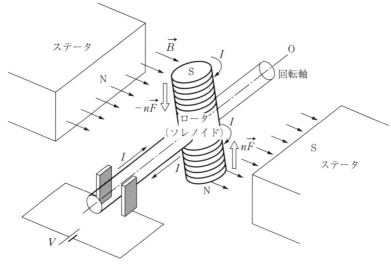

図 11.4　実際のモータに近い構造図

　これによってロータはうまく回転しそうである。しかし実際は，**図 11.5** に
示すようにロータが回転を開始した後，異極どうしが向き合ったところでロー
タは止まってしまい，1 回転もしない（回転は続かない）。

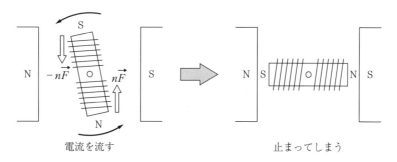

電流を流す　　　　　　　　　　　止まってしまう

図 11.5　モータの基本的な問題点

　この問題を解決するには，**図 11.6** に示すように，まず，電流を流し（図
（a）），ステータとロータが向き合う前に電流を切る（図（b））。これにより，
ロータにはステータの磁場による力は働かなくなり，慣性力でそのまま回転す
る（図（c））。そこで，ロータがほぼ半回転したところで，逆向きの電流を流

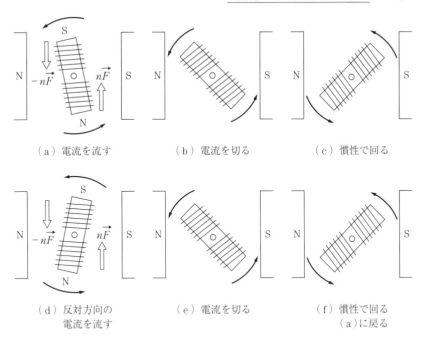

（a）電流を流す （b）電流を切る （c）慣性で回る

（d）反対方向の
電流を流す

（e）電流を切る

（f）慣性で回る
（a）に戻る

図 11.6 モータの連続回転の原理

す（図（d））。これでロータの極が逆転するので，ロータに再び同じ向きの回
転力が加わる。そして，同様に，ステータとロータが向き合う前に電流を切り
（図（e）），慣性力で回転させること（図（f））で1回転することができる（図
（a）～図（f）を繰り返すことで回転し続ける）。

　図（a）～図（f）の動作を実現するための仕掛けが，**図 11.7** に示す整流子
とブラシを用いた電流の制御である。整流子もブラシも導体であり，ブラシは
電池に接続されていて，整流子は回転軸に取り付けられており，ロータの導線
ループに接続されている。

　まず，状態Ⅰ（図（a））では，整流子とブラシが接触しているので，導線
ループに電流が流れ，ロータは磁石となる（整流子（A）→ソレノイド（A）
→ソレノイド（B）→整流子（B）と電流が流れる）。約1/4回転した状態Ⅱ
（図（b））では，整流子とブラシの接触が切れて，電流が流れなくなる。これ
によって，ロータは磁石ではなくなり，慣性力によってのみ回転する。そし

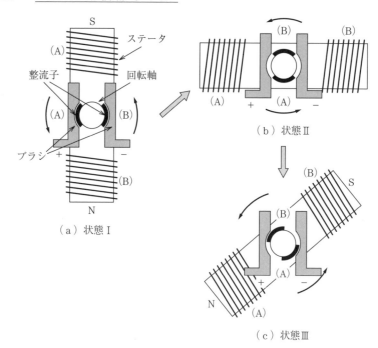

図 11.7　整流子とブラシによる電流の制御

て, 再び整流子とブラシが接触する状態Ⅲ (図 (c)) では, 電流の向きが逆
転する (整流子 (A) →ソレノイド (B) →ソレノイド (A) →整流子 (B) と
電流が流れる)。これにより, ロータの磁極を反転させることができ, 図 11.6
の動作を続けることができる。

　なお, 整流子とブラシは, ロータを回転し続けるためのうまい仕掛けである
が, 整流子とブラシの接触による磨耗や, 騒音の発生など弱点もある。このた
め, 整流子とブラシを使わずに, 電流の切り替えを電子回路で行うモータ (ブ
ラシレスモータ) もある。

　また, 図 11.4 ～図 11.7 に示すロータ構造では, 約 4 分の 1 回転ごとに磁力
が発生したり切れたりするので, 回転がなめらかではないという問題がある。
このため, ロータが多くの極を持つ構造がとられている。例えば, **図 11.8** は,

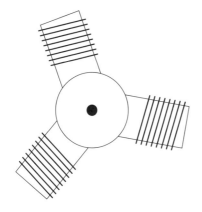

図 11.8 3極ロータの概略

3極ロータの概略図である[†]。

11.3 発 電 機

　発電機の原理は例題 9.1 であり，図 9.4 をその基本構造としている。ここで，図 9.4 と図 11.2 を見比べればわかるように，両者はほとんど同じ構造をしていることがわかる。モータは電気エネルギーを導線ループの回転エネルギー（機械エネルギー）に変えている。一方，発電機はこの逆で，導線ループの回転エネルギー（機械エネルギー）を電気エネルギーに変えているのである。実際，市販のモータ（例えば，おもちゃ用のモータ）の回転軸を手動で回転することにより，モータの電極に起電力が発生する。

　水力発電では，水の力で導線ループ（ロータ）を回転させて発電している。また，火力発電や原子力発電は，その熱で発生した蒸気圧でロータを回転させて電力を発生している。自転車の発電灯なども原理は同じであり，多くの発電機（機械発電機）は，モータと基本的に同じ構造で，例題 9.1 に示す原理により発電を行っている。

[†] 3極といっても，N極，S極のほかに新たな磁極があるわけではない。N極とS極を切り替えられる極の数が三つあるということである。

11.4　マイクロフォンとスピーカ

　マイクロフォンは音の振動を電気信号に変換し，スピーカは逆に電気信号を
音に変換する。両者の原理は同じであり，**図 11.9** はその原理を示す断面図で
ある。その基本構造は，磁石と振動板と一体になった稼動可能なインダクタ
（コイル）から構成されている。インダクタと磁石の中心軸は同じであり，イ
ンダクタは，中心軸に沿って移動（図では，左右に移動）することができる。

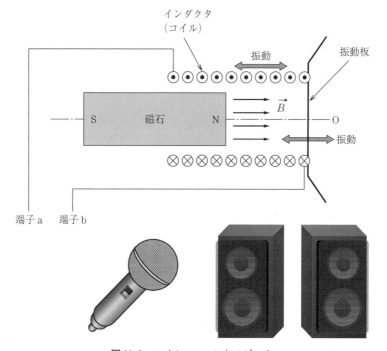

図 11.9　マイクロフォンとスピーカ

　マイクロフォンでは，音の振動が振動板に伝わり，インダクタ（コイル）が
音にあわせて振動する（図では，左右に振動する）。これにより，インダクタ
を貫く磁石の磁場 $\vec{B}$，すなわち，磁束が変化する。したがって，ファラデー
の法則によりインダクタには誘導起電力が発生し，端子 a と b の間の電気信号

として音の振動を検出することができる[†1]。

　一方、スピーカでは、端子 a と b の間に交流電圧を印加し、インダクタに電流を流す。インダクタは磁場 $\vec{B}$ 中に置かれているため、インダクタに電流が流れると、7.2.2 項で説明したように、この電流が流れる導線に力が働く。インダクタはこの力によって振動し、振動板が振動して音が発生する。

　なお、上記は、基本的なマイクロフォンとスピーカの原理であり[†2]、これとは異なった原理のものもある。例えば、コンデンサ型マイクロフォンは、振動板を平行平板コンデンサの片側の平板電極と一体化した構造である。これにより、音で振動板が振動すると平行平板コンデンサの電極間距離が変化し、平行平板コンデンサの静電容量が変化する。この静電容量の変化を電気的に検出することで、音を電気信号に変換する。

11.5　電磁加熱調理器

　電磁加熱調理器は、加熱調理用の家電品として普及している。一方、加熱調理用の家電品としては、古くから電気コンロがある。電気コンロは、**図 11.10**（a）に示すように、ニクロム線と呼ばれる合金製の高電気抵抗配線に電流を流し、その電流でニクロム線に発生したジュール熱（5.2.5 項）を利用する[†3]。つまり、この発熱したニクロム線に鍋などを接触させることで、鍋に熱が伝わり、加熱調理を行う。

　一方、電磁加熱調理器は、図 11.10（b）に示すように、インダクタに高周波電流を流し、変化する磁場 $\vec{B}(t)$ を発生する。そして、この磁場 $\vec{B}(t)$ が鍋に伝わり、鍋を貫く磁束密度が時間変化することで、鍋に誘導電流である渦電

[†1]　例題 9.1 と例題 9.2 で説明したように、この電気信号（電流）はローレンツ力によって発生したと解釈することもできる。

[†2]　この電磁現象に基づくマイクロフォンやスピーカを他の方式と区別するために、ダイナミック型マイクロフォン、ダイナミック型スピーカと呼ぶこともある。

[†3]　ニクロム線を金属のパイプで包んだシース線を用いるもの（シースヒータ、sheathed heater）もある。

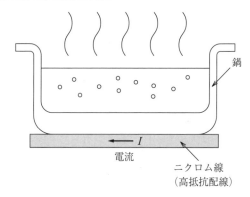

（a）電気コンロ

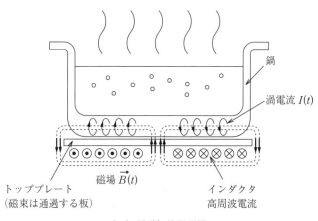

（b）電磁加熱調理器

図 11.10 加熱調理器

流が発生し，この渦電流によって鍋自体がジュール熱を発生する。

　電気コンロの場合，ニクロム線によって発生した熱のうち，鍋に伝わらずに逃げてしまう熱が多い。すなわち，電気エネルギーを熱エネルギーとして利用できる効率が悪い（熱の損失が大きい）。一方，電磁調理器の場合，磁場 $\vec{B}(t)$ は効率的に鍋に伝わり，発熱するのは鍋自体であるため，電気エネルギーを熱エネルギーとして利用できる効率が良くなる（熱の損失が小さい）。機器によって差があるが，電気コンロの熱損失は 40 ％程度であるのに対し，電磁調

理器の熱損失は10％程度となる。

　また，電磁調理器は直接発熱しないため，トッププレート（図（b））を手で触れても火傷しないといった安全性の高さもある。一方，当然であるが，電磁調理器には土鍋などの非金属は使えず，金属であっても電気抵抗が高い必要がある[†1]。

11.6　**MRI（核磁気共鳴画像）診断装置とCT診断装置**

　MRI（magnetic resonance imaging，核磁気共鳴画像法）診断装置は，人体内部組織の構成を画像化する医療診断装置である。その原理は，それぞれの組織によって含まれる水素原子数が異なる（水素原子密度が異なる）[†2]ことに着目し，これを電磁的に検出し，その結果を画像処理することで人体内部組織を画像化することである。画像処理の方法については本書の範囲を超えるので，ここでは，どのように組織の差異を電磁的に検出するのか，その概略を説明する。

　1章で説明した水素原子の原子核中の正電荷である陽子（プロトン）は，これ自身が回転することにより，7章で説明したように微小電流ループとして磁場を生成する（微小磁石と同等となる）。そして通常は，**図11.11**に示すように，この微小磁石の向きはまったくばらばら（ランダム）である。

　これに対して，人体に一定方向の静磁場 $\vec{B}$ をかけると，微小磁石の向きがそろう。そしてさらに，数十MHzの磁場 $\vec{B}(t)$（すなわち，数十MHzの電磁波）を加えると，微小磁石は静磁場 $\vec{B}$ の方向の軸に沿って回転運動（歳差運動）を行うことがわかっている。そして，磁場 $\vec{B}(t)$ を止めると，微小磁石は，自分自身で回転運動の周期の電磁波を放出する。この放出される電磁波を検出することにより，それぞれの組織の水素原子核の密度などの情報を得ることが

[†1]　最近では，銅やアルミニウムといった低抵抗の金属も使える電磁調理器もある。
[†2]　人体のほとんどは水分と脂質であり，それぞれ，水素原子を含んでいる。一般的に硬質な組織より，軟質な組織（脂肪など）のほうが多くの水素原子を含む。

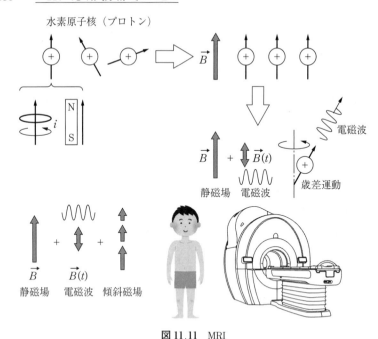

水素原子核（プロトン）

$\vec{B}$

$\vec{B}$ + $\vec{B}(t)$

静磁場　電磁波

電磁波

歳差運動

$\vec{B}$ + $\vec{B}(t)$ +

静磁場　電磁波　傾斜磁場

図 11.11　MRI

できる。原子核に電磁波を与えると，これに応じて電磁波を放出する現象は，一種の共鳴現象であり，原子核が磁場に対して共鳴することから，核磁気共鳴と呼ばれる。静磁場の大きさは，装置によっては 1 T（テスラ）以上である[†1]。この値は非常に大きく，現在，最も磁場の強いネオジウム磁石と同等である[†2]。

　なお，実際は，静磁場と周期的に時間変化する磁場のほかに，核磁気共鳴が起きている位置を検出するために，磁場の大きさが一定の割合で減少する傾斜磁場も必要となる。傾斜磁場を生成するインダクタ（コイル）は静磁場中にあるため，インダクタに電流を流したときにインダクタは力を受ける。そして，計測上，電流を断続的に流す必要があり，このため，力は振動的にインダクタを揺らすことになり，大きな音が発生する。これは，すでに説明したスピーカ

---

†1　現在では，超伝導磁石を用いて強力な磁場を生成している。
†2　地球の磁場が約 $3 \sim 6 \times 10^{-5}$ T 程度（地球上の場所によって異なる），メモを貼るために使われる文具品のマグネットが 5×10^{-3} T 程度である。

の原理とまったく同じである。MRI 診断装置が稼働中にガンガンという大きな騒音を発生するのは，このためである。

CT（computed tomography[†]）診断装置は，古くから用いられている X 線による人体組織の透過画像診断技術に，コンピュータを用いた画像処理技術を加えることで人体組織の断層画像を得る装置である。したがって，透過画像自体は，人体組織によって X 線の透過率が異なることを利用している。

電磁波の観点で，MRI は数十 MHz の電磁波を用いる。一方 CT は，X 線（X 線も電磁波の一種である）を用いる。X 線の周波数は約 10^{15} Hz であり，MRI の電磁波よりもはるかに周波数が高く，したがって，高エネルギーである（電磁波は，周波数が高いほどエネルギーが高くなる）。このため，被曝の影響は MRI のほうがはるかに小さく，電磁波的観点では，MRI のほうが CT に比べて安全性は高い。一方，MRI は強磁場を用いるため，心臓ペースメーカや動脈瘤クリップなどの金属製品，部品などを利用している人には適用が困難である。

また，人体の組織によって，MRI と CT で適正が異なることや，診断時間の長短（一般に MRI のほうが診断に時間がかかる）などの差異がある。

---

† tomography：断層撮影技術

演習問題略解†

1章

【1.1】 $r = R(1 + \sqrt{2})$

【1.2】 $Q = \dfrac{4}{3} q$

【1.3】 $Q = \dfrac{\sqrt{3}}{3} q$

【1.4】 $q = 1.113 \times 10^{-10}$ C

2章

【2.1】 円柱外部 $(r > a)$

$$|\vec{E}| = \frac{\lambda}{2\pi\varepsilon_0 r}$$

円柱内部 $(r \leqq a)$

$$|\vec{E}| = \frac{\lambda r}{2\pi\varepsilon_0 a^2}$$

【2.2】 球外部 $(r > R)$

$$|\vec{E}| = \frac{1}{4\pi\varepsilon_0} \frac{Q}{r^2}$$

球内部 $(r \leqq R)$

$$|\vec{E}| = \frac{1}{4\pi\varepsilon_0} \frac{Q}{R^3} r$$

【2.3】 領域 I, II, IV

$$|\vec{E}_{\mathrm{I}}| = |\vec{E}_{\mathrm{II}}| = |\vec{E}_{\mathrm{IV}}| = \frac{\sigma}{\varepsilon_0}$$

領域 III

$$|\vec{E}_{\mathrm{III}}| = 0$$

3章

【3.1】 $V = \dfrac{\rho}{4\pi\varepsilon_0} \ln \dfrac{l_2 + \sqrt{l_2^2 + a^2}}{l_1 + \sqrt{l_1^2 + a^2}}$

【3.2】 $V = \dfrac{\lambda}{2\pi\varepsilon_0} \ln \dfrac{d}{r}$

【3.3】

(1) $r \leqq a$

$$V(r) = \frac{1}{4\pi\varepsilon_0} \left(\frac{Q_1}{a} - \frac{Q_1}{b} + \frac{Q_1 + Q_2}{c} \right)$$

(2) $a < r < b$

$$V(r) = \frac{1}{4\pi\varepsilon_0} \left(\frac{Q_1}{r} - \frac{Q_1}{b} + \frac{Q_1 + Q_2}{c} \right)$$

(3) $b \leqq r \leqq c$

$$V(r) = \frac{1}{4\pi\varepsilon_0} \frac{Q_1 + Q_2}{c}$$

(4) $c < r$

$$V(r) = \frac{1}{4\pi\varepsilon_0} \frac{Q_1 + Q_2}{r}$$

図は略。

【3.4】 $V = \dfrac{Q}{4\pi\varepsilon_0 a} + \dfrac{q}{4\pi\varepsilon_0 r}$

【3.5】 $\dfrac{|\vec{E}_1|}{|\vec{E}_2|} = \dfrac{r_2}{r_1}$

4章

【4.1】

$$q_a = \frac{C_a}{C_a + C_b} Q + \frac{C_a C_b}{C_a + C_b} V$$

$$q_b = \frac{C_b}{C_a + C_b} Q - \frac{C_a C_b}{C_a + C_b} V$$

【4.2】 $C = \dfrac{q}{V} = \dfrac{2\pi\varepsilon_0}{\ln \dfrac{b}{a}}$

【4.3】 $C \cong 2\pi\varepsilon_0 \left(\dfrac{1}{a} - \dfrac{1}{r} \right)^{-1}$

【4.4】 (1) $C = \dfrac{\varepsilon_0 S}{d - t}$

(2) $\Delta C = \varepsilon_0 S \dfrac{t}{d(d - t)}$

---

† 解き方を含めた詳細な解答例を Web ページからダウンロードできる。詳しくはまえがきを見ること。

【4.5】

(a) $C = \dfrac{(C_1 + C_2)(C_3 + C_4)}{C_1 + C_2 + C_3 + C_4}$

(b) $C = \dfrac{C_1 C_2}{C_1 + C_2} + \dfrac{C_3 C_4}{C_3 + C_4}$

5章

【5.1】 $n_e = 6.25 \times 10^{18}$ 個

【5.2】 $v_e = 0.073\,\mathrm{mm/s}$

【5.3】 $R = \dfrac{\varepsilon_0 \rho}{C}$

【5.4】 $R = \dfrac{1}{2\pi\sigma l} \ln \dfrac{b}{a}$

【5.5】 $R = \dfrac{3}{2} r$

7章

【7.1】 $r_1 : r_2 = 1 : \sqrt[3]{2}$

【7.2】 電荷は等速円運動を行う（サイクロトロン運動と呼ばれる）。詳細は略。

【7.3】 (1) 解答略。

(2) $|\vec{E}| = \dfrac{I}{wdne}|\vec{B}|$,

$V = \dfrac{I}{edn}|\vec{B}|$

8章

【8.1】 $|\vec{B}| = \dfrac{\mu_0 I a^2}{2(z^2 + a^2)^{\frac{3}{2}}}$

【8.2】 $|\vec{B}| = \dfrac{\mu_0 I}{2a}\left(\dfrac{1}{\pi} + \dfrac{1}{2}\right)$

【8.3】 $\vec{B} = 0$

【8.4】 穴の中には，y 軸に沿った一様な磁場 $|\vec{B}| = -\mu_0(d/2)J$ が発生する。

9章

【9.1】

(1) 起電力：$-l|\vec{v}||\vec{B}|$

(2) 消費される電力：$\dfrac{(l|\vec{v}||\vec{B}|)^2}{R}$

(3) 仕事率は，(2) と等しくなる。

【9.2】 解答略。

【9.3】

起電力：

$\dfrac{2Nfa}{\pi}(1 - \cos\pi l)^2 \sin\left(2\pi ft - \dfrac{\pi}{2}\right)$

【9.4】 $V_{\mathrm{po}} = \dfrac{1}{2}|\vec{B}|\omega a^2$,

$I = \dfrac{1}{2R}|\vec{B}|\omega a^2$

【9.5】

$i(t) = V\sqrt{\dfrac{C}{L}}\sin\left(\dfrac{1}{\sqrt{LC}}t\right)$

$v(t) = V\cos\left(\dfrac{1}{\sqrt{LC}}t\right)$

10章

【10.1】 $I = -CV_0\omega\sin\omega t$

【10.2】～**【10.4】**
解答略。

【10.5】

$E_z(x, t) = A\sin\omega\left(t - \sqrt{\mu_0\varepsilon_0}\,x\right)$

$(t \geq 0,\ x \geq 0)$

【10.6】 波長 λ は約 $30\,\mathrm{cm}$ である。

【10.7】 解答略。

索　引

―― 著 者 略 歴 ――
1981 年　筑波大学第三学群基礎工学類卒業
1983 年　筑波大学大学院工学研究科修士課程修了（物理工学専攻）
1983 年　株式会社日立製作所（中央研究所）勤務
1994 年　博士（工学）（筑波大学）
1996 年　筑波大学助教授
2004 年　筑波大学教授
　　　　現在に至る

技術者のための電磁気学入門
Introduction to Electromagnetics for Engineers

ⓒ Moritoshi Yasunaga 2017

2017 年 11 月 20 日　初版第 1 刷発行　　　　　　　　　　★

| 検印省略 | 著　　者 | 安　永　守　利 |

著　　者　安 永 守 利
発 行 者　株式会社　コ ロ ナ 社
　　　　　代 表 者　牛 来 真 也
印 刷 所　萩 原 印 刷 株 式 会 社
製 本 所　有限会社　愛 千 製 本 所

112-0011　東京都文京区千石 4-46-10
発 行 所　株式会社　コ ロ ナ 社
CORONA PUBLISHING CO., LTD.
Tokyo Japan
振替 00140-8-14844・電話(03)3941-3131(代)
ホームページ http://www.coronasha.co.jp

ISBN 978-4-339-00904-0　C3054　Printed in Japan　　　　（森岡）

電子情報通信レクチャーシリーズ

■電子情報通信学会編　　　　　　　　　　　　（各巻B5判）

白ヌキ数字は配本順を表します。

定価は本体価格＋税です。

定価は変更されることがありますのでご了承下さい。

図書目録進呈◆

電気・電子系教科書シリーズ

（各巻A5判）

■編集委員長　高橋　寛
■幹　　事　　湯田幸八
■編集委員　江間　敏・竹下鉄夫・多田泰芳
　　　　　　中澤達夫・西山明彦

配本順	書名	著者	頁	本体
1.（16回）	電 気 基 礎	柴田尚志・皆田新二 共著	252	3000円
2.（14回）	電 磁 気 学	多田泰芳・柴田尚志 共著	304	3600円
3.（21回）	電 気 回 路 Ⅰ	柴田尚志 著	248	3000円
4.（3回）	電 気 回 路 Ⅱ	遠藤　勲・鈴木靖純 編著	208	2600円
5.（27回）	電気・電子計測工学	吉澤昌純・降矢典恵・福田拓和・高西明二・西村郎彦 共著	222	2800円
6.（8回）	制 御 工 学	下西奥青平堀鎮正立幸 共著	216	2600円
7.（18回）	ディジタル制御	青木俊幸・西堀立幸 共著	202	2500円
8.（25回）	ロ ボ ッ ト 工 学	白水俊次 著	240	3000円
9.（1回）	電 子 工 学 基 礎	中澤達夫・藤原勝幸 共著	174	2200円
10.（6回）	半 導 体 工 学	渡辺英夫 著	160	2000円
11.（15回）	電 気・電 子 材 料	中澤・押田・森山・須田 服部原部 共著	208	2500円
12.（13回）	電 子 回 路	須田健二 共著	238	2800円
13.（2回）	ディジタル回路	伊原充博・若海弘夫・吉原昌純・土谷賀進 共著	240	2800円
14.（11回）	情報リテラシー入門	室賀進也・山下巌 共著	176	2200円
15.（19回）	C＋＋プログラミング入門	湯田幸八 著	256	2800円
16.（22回）	マイクロコンピュータ制御プログラミング入門	柚賀正光・千代谷慶 共著	244	3000円
17.（17回）	計算機システム（改訂版）	春日健・舘泉雄治 共著	240	2800円
18.（10回）	アルゴリズムとデータ構造	湯田幸八・伊原充博 共著	252	3000円
19.（7回）	電 気 機 器 工 学	前田勉・新谷邦弘 共著	222	2700円
20.（9回）	パワーエレクトロニクス	江間敏・高橋勲 共著	202	2500円
21.（28回）	電 力 工 学（改訂版）	江間敏・甲斐隆章 共著	296	3000円
22.（5回）	情 報 理 論	三木成彦・吉川英機 共著	216	2600円
23.（26回）	通 信 工 学	竹下鉄夫・吉川英機 共著	198	2500円
24.（24回）	電 波 工 学	松田豊稔・宮田克正・南部幸久 共著	238	2800円
25.（23回）	情報通信システム（改訂版）	岡育生・原田博司 共著	206	2500円
26.（20回）	高 電 圧 工 学	植月唯夫・箕田充志 共著	216	2800円

図書目録進呈◆

.